芯途

电子元器件发展与应用

编著·孙建军

顾问·沙宏志

东南大学出版社
SOUTHEAST UNIVERSITY PRESS

·南京·

内 容 简 介

本书是一本通俗易懂的电子元器件发展与市场应用的科普图书,全书精心编排成四篇十章,内容层层深入。第一篇追溯集成电路的起源与发展,通过介绍几位对集成电路发展做出突出贡献的奠基性人物,描绘了芯片从初步探索到蓬勃发展的非凡旅程。第二篇聚焦无源与有源电子元器件、第三代半导体以及传感器的基本功能、分类以及市场应用等。第三篇着眼芯片产业链与市场营销,剖析芯片分销行业的现状、上下游供应链的勃勃生机及面临的挑战。最后一篇重点探讨芯片在新能源汽车电子、充电桩、AI 服务器等领域的应用以及发展趋势。

本书适合半导体产业上下游的从业人员、集成电路与模拟电子相关专业的高校毕业生,以及对半导体产业发展感兴趣的广大读者阅读参考。

图书在版编目(CIP)数据

芯途：电子元器件发展与应用 / 孙建军编著.
南京：东南大学出版社,2024. 12. -- ISBN 978 - 7
- 5766 - 1669 - 9

Ⅰ. TN6

中国国家版本馆 CIP 数据核字第 20240BM888 号

责任编辑:姜晓乐   责任校对:韩小亮   封面设计:王 玥 李子夜   责任印制:周荣虎

芯途——电子元器件发展与应用

Xintu ——Dianzi Yuanqijian Fazhan Yu Yingyong

编   著:孙建军
出版发行:东南大学出版社
社   址:南京市四牌楼 2 号   邮编:210096
出 版 人:白云飞
网   址:http://www.seupress.com
经   销:全国各地新华书店
印   刷:南京迅驰彩色印刷有限公司
开   本:787 mm×1092 mm 1/16
印   张:12.25
字   数:272 千
版   次:2024 年 12 月第 1 版
印   次:2024 年 12 月第 1 次印刷
书   号:ISBN 978 - 7 - 5766 - 1669 - 9
定   价:78.00 元

推荐序 1

　　功率半导体在现代电力电子技术中的应用正日益广泛,其中,以碳化硅和氮化镓为核心的第三代宽禁带功率半导体技术尤为引人注目,其凭借出色的性能特性和巨大的发展潜力,已成为推动光伏、储能、汽车电子、充电桩等行业加速发展的关键力量,它们不仅是科技领域的研究热点,更是产业发展的重要驱动力。

　　《芯途》的作者作为半导体市场端的资深从业者,以中国"芯片卡脖子"的困境为引子,从全新的视角,深入浅出地阐述了集成电路产业的发展历程、市场与销售策略以及相关行业应用,并用生动而详尽的方式娓娓道来,是一部半导体产业的科普佳作。

　　鉴于《芯途》对半导体领域深刻的解读与呈现,无论是身处半导体供应链上下游的行业精英,还是平日里对微观芯片世界充满好奇的普通读者,希望都能从中汲取宝贵的知识与智慧。

南京芯干线科技科技有限公司 董事长

傅玥博士

集成电路的发展离不开技术的持续创新和进步。近年来，随着 5G 通信、汽车电子、AI 等新兴技术的兴起，相关产业对芯片的性能、功耗、集成度等方面提出了更高的要求，这促使芯片设计、供应链协同、芯片制造工艺和封装测试技术不断创新，推动了我国芯片产业的快速发展。

建军是深耕芯片供应链行业多年的资深人士，他从芯片发展的前世今生、芯片制造和封装测试、芯片技术支持和推广、芯片供应链上下游，以及芯片产业市场发展趋势多个角度，为读者揭开芯片的神秘面纱。《芯途》以通俗易懂的语言文字阐述专业知识，相信能给对芯片话题感兴趣的读者带来启发，同时为芯片产业链各环节的从业者及相关领域研究人员都能提供参考价值。

正海资本合伙人
求是缘半导体联盟副秘书长
花菓博士

在科技日新月异的今天，《芯途》一书的问世，恰似一股清泉，润泽了电子行业从业者求知若渴的心田，我深感荣幸能为此书撰写推荐序。

《芯途》以独特的视角追溯集成电路的"前世今生"，从"八叛逆"的传奇故事，到中国集成电路从"531 战略"到"909 工程"的跨越，为我们铺展开一幅波澜壮阔的发展画卷。书中对国产芯片发展历程的深度剖析，展现了国产芯挑战重重的征途，凸显了我国芯片人在困境中寻求突破的坚韧精神。此外，《芯途》还深入探讨了半导体行业应用，包括汽车电子、充电桩、AI 服务器等领域的应用。这些内容不仅可以帮助读者了解半导体技术在各个领域的应用，还可以为大家提供更多的行业机遇和发展空间。

这不仅是一本专业的书籍，更是电子行业人士的指南与启示录。相信每一位读者都能在其中汲取养分，在电子行业的"芯途"上砥砺前行。

慧聪电子网、慧聪物联网 总经理
余素玉

>>> 推荐序 4

《芯途》一场集成电路与电子元器件的探索之旅。

在科技突飞猛进的时代,集成电路、电子元器件已在新能源汽车、工业自动化、人工智能等新兴产业广泛应用。但集成电路、电子元器件到底是什么?

《芯途》一书从科普的角度出发,以通俗易懂、图文并茂的形式,介绍集成电路的发展历程、剖析各类电子元器件的工作原理、性能特点及应用场景等,帮助读者构建完整的知识架构体系。另外,此书还有一部分提到了我国半导体产业的最新进展和案例解析,您可以从中了解到行业动态和未来发展趋势。

《芯途》是一本半导体科普读物,值得每一个对电子科技感兴趣的读者阅读。

威兆半导体 CEO

李伟聪

>>> 推荐序 5

半导体技术作为现代电子技术的基石,其发展历程是人类智慧与不懈努力的结晶。从晶体管最初亮相的那一刻起,直至今天超大规模集成电路飞速发展,每一步都镌刻着科学家与工程师们的心血与非凡创意。

《芯途》一书深入浅出地介绍了从晶体管到集成电路的发明和演进历程,揭秘电子元器件的奥秘,并娓娓道来芯片产业链背后的动人故事。无论你是电子工程领域的专业人士,还是对相关器件感兴趣的普通读者,都能从中获得宝贵的知识和启示。在科技日新月异的当下,翻开这本书,我们一同走进集成电路与电子元器件的奇妙世界,细细回味芯片的发展历程和演变之路。展望未来,我们满怀憧憬,共同期待电子技术绽放出更加璀璨夺目的光芒,书写更加辉煌灿烂的明天。

荣湃半导体(上海)有限公司创始人

董志伟博士

序

很荣幸受邀为《芯途》一书作序。

首先，本书对芯片的发展进行了深入的剖析。从1947年发明第一个点接触式晶体管到如今集成电路的高度集成化生产，芯片功能日益强大。而这一切，都离不开摩尔定律的精准预测。摩尔定律在过去的几十年里得到了惊人的验证，不仅推动了集成电路技术的飞速发展，也为全球半导体产业带来了巨大的商业价值。

芯片是集成电路的主要实现形式，作为现代电子技术的核心，其发展历程和技术进步是推动整个电子行业乃至整个科技领域飞速发展的关键力量。如今高度集成、功能强大的微处理器（MCU）、中央处理器（CPU）、图形处理单元（GPU）、高带宽内存（HBM）等高性能集成电路，它们将数以亿计的晶体管、电阻、电容等元件集成在微小的硅片上，实现了复杂电路的高度集成。

这种集成化不仅大大减小了设备的体积和重量，同时显著提高了设备的性能和可靠性。这一进程不仅见证了电子技术的巨大飞跃，也深刻改变了人们的生活方式和工作模式。《芯途》一书，聚焦芯片发展史，抽丝剥茧地呈现了其背后庞大而复杂的发展历程。

本书不仅详细介绍了各种电子元器件的工作原理和行业应用，还对其供应链的发展、技术推广、芯片分销进行了详尽的阐述，体现出笔者俯察行业时的视域广度。

值得一提的是，笔者在阐述电子元器件发展历程的同时，穿插了许多鲜为人知的历史故事和人物传记，让文章呈现较强的故事性，为本书增色不少。

《芯途》所深入剖析的电子元器件发展脉络，凝结了几代从业者孜孜不倦的追求和奋斗。在跟随本书回首波澜壮阔的芯路历程时，依旧有所收获、有所思考，启示颇深。电子元器件的殿堂宽广且深邃，值得我们以史为鉴、终身探索。所幸在这条漫长"芯途"上，你我皆不是独行者，更有无数良师益友并肩前行。希望大家皆能读有所得，共同探索和创造行业更广阔的未来。

南京商络电子股份有限公司 董事长

沙宏志

> "凡战者,以正合,以奇胜。故善出奇者,无穷如天地,不竭如江海。终而复始,日月是也。死而更生,四时是也。声不过五,五声之变,不可胜听也;色不过五,五色之变,不可胜观也;味不过五,五味之变,不可胜尝也;战势不过奇正,奇正之变,不可胜穷也。奇正相生,如循环之无端,孰能穷之哉!"
>
> ——《孙子兵法·兵势篇》

⟫⟫ 引 言

半导体起源

半导体,顾名思义,其导电性能介于导体(如金属)和绝缘体(如塑料、玻璃、橡胶等)之间,半导体的起源可以追溯到 18 世纪末期人们对电子特性的研究。

1831 年,英国物理学家法拉第发现了电磁感应现象,使得人类掌握了电磁运动相互转变以及机械能和电能相互转化的方法,后来发明的发电机、电动机、变压器等都与电磁感应的发现密不可分。

1874 年,德国物理学家布劳恩观察到晶体对电流的单向导电性,这正是半导体材料的一个重要特性,如今被广泛应用在二极管、三极管等半导体器件中,单向导电性是最早的半导体效应之一。

1879 年 10 月,美国发明家托马斯·爱迪生点亮了第一支碳丝白炽灯,并随后申请了电灯的发明专利。

1931 年,英国物理学家查艾伦·威尔逊使用量子力学原理解释了半导体的诸多特性,在能带理论的基础上提出了半导体的物理模型,阐述了杂质导体和本质导体的机理,使用能带理论区分了半导体、导体和绝缘体,奠定了半导体学科的理论基础。

直到 1947 年,美国贝尔实验室 3 位科学家,肖克利、布拉顿和巴丁发现了晶体管的放大效应。晶体管的诞生,标志着电子信息时代的正式开启。晶体管技术的不断发展和成熟,使其逐步取代了体积庞大、可靠性低且功耗高的电子管,不仅改变了电子线路的结构,同时促进了集成电路的高度集成化和性能上的提升,为人类社会的科技进步做出了重要贡献。

半导体是芯片吗?芯片的本质是什么?芯片和集成电路有哪些区别?

简单地说,芯片是集成电路的载体,芯片是连接物质世界与数字世界的接口。它利用半导体材料的导电性能,通过各种复杂的加工技术将大量的晶体管、电阻、电容等元器件及布线互连在一起,形成具有特定功能的集成电路,可以执行各种复杂的计算、储存、控制等任务,实现了电路的高度集成化和性能的飞跃提升。

芯片"卡脖子"

正如电影《厉害了,我的国》中讲述的那样,如今,我国已经在多个科技领域取得了显著的成就,如探月工程、高铁技术、特高压输变电技术以及 5G 通信技术等都处于国际领先水平。那为什么还会听到芯片"卡脖子"一说,芯片制造我们可以自给自足吗?

2016 年 3 月 7 日,美国商务部以违反美国出口管制法规为由,将中兴通讯及其关联公司列入《出口管制实体清单》,并对中兴通讯采取限制出口措施,禁止美国企业对其出售包括芯片在内的元器件产品,直至 2022 年,中兴通讯缴纳罚款后,双方达成和解。

这里需要说明的是,不是所有芯片都会被"卡脖子"。其实我国已经实现了大部分中低端芯片的自给自足,比如遥控玩具无人机芯片、网络接口芯片、中低压电源芯片、电机马达控制器芯片、TWS 耳机芯片、机顶盒芯片、智能音箱芯片、蓝牙芯片、Wi-Fi 芯片等。我国的芯片代工厂中芯国际,已经可以批量生产 14 nm 及以上制程的芯片,这类芯片基本不存在"卡脖子"的问题了。

在国防领域,其应用芯片对温度、稳定性、可靠性等极端条件有着极高的要求,而对运算速度的要求相对较低,同时具有定制化、小批量的特点,而且对价格也不太敏感。这类芯片我国在一定程度上也已经实现了自给自足。

那么,还有哪些芯片是面临"卡脖子"的问题呢?

以智能手机处理器芯片为例,比如苹果手机的 A 系列芯片、华为手机麒麟 990 5G 处理器芯片,这些芯片既要求运算速度快,又要求功能强大、功耗极低,还要能大规模量产,即芯片的良品率要高,性能参数要稳定,这类芯片目前仍面临"卡脖子"的问题。

2020 年 3 月 26 日,华为发布 P40 手机搭载麒麟 990 5G 处理器,采用 6.1 in 直屏,搭载 5000 万像素三摄系统,内置 EMUI 10.1 系统以及华为 HMS 服务。其中,麒麟 990 5G 芯片采用台积电的 7 nm 极紫外线光刻机(EUV)工艺制造的 8 核处理器,CPU 主频包括:2 个 2.86 GHz Cortex-A76,2 个 2.36 GHz Cortex-A76,

4 个 1.95 GHz Cortex-A55,是当时全球唯一已经商用的 5G 全集成 SoC 处理器芯片。

一颗麒麟 990 5G 芯片的面积约 113 mm²,这个面积其实非常小,只有一个指甲盖那么大。可别看它小,它里面集成了 103 亿个晶体管。麒麟 990 5G 处理器的发布,标志着华为在 5G 芯片领域的领先地位,也推动了整个手机行业向 5G 时代的迈进。后来随着华为被美国列入《出口管制实体清单》,台积电作为全球最大的芯片代工厂商之一,其生产线中使用了大量的美国技术和设备,台积电不得不遵守相关规定,停止了为华为手机麒麟芯片的代工服务。

制造芯片的难度究竟有多大呢?

一颗芯片的制造涉及 50 多个学科,包括硅晶圆制造、薄膜沉积、光刻、刻蚀、离子注入、互连等上千道复杂的工序。在毫米间距上甚至都有上亿个晶体管结构,其中光刻机是芯片生产的关键设备。正如荷兰作家瑞尼·雷吉梅克在《光刻巨人:ASML 崛起之路》一书中提到的,阿斯麦光刻机占据全球市场份额超过 70%,尤其是 EUV 光刻机几乎是全球垄断。

阿斯麦生产一台 EUV 光刻机重达 180 t,超过 10 万个零件,需要 40 个集装箱运输,单台价格更是超过 1 亿美元。阿斯麦的 EUV 光刻机是"集百家之长"的产物,这也充分体现了全球化生产和供应链合作的重要性。从德国蔡司的透镜、美国 Cymer 公司(已经被阿斯麦收购)的光源、瑞典的轴承、法国的阀件,再到台积电和三星的制造技术,这些来自全球各地的产品和技术共同构成了 EUV 光刻机的核心竞争力。

毫不夸张地讲,EUV 光刻机的制造难度不亚于制造原子弹,体现了极高的技术集成度和复杂性。EUV 光刻机不仅是半导体制造的重要工具,更是国家科技实力和产业竞争能力的重要体现。

我国集成电路制造产业在技术水平上与国际先进水平仍存在较大差距,被"卡脖子"的原因也有很多方面,包括前面提到的高端芯片关键制造设备、关键材料、核心技术、尖端工艺、关键软件以及相关专利标准等,我国企业要想在短时间内追赶或超越面临着巨大的挑战。

我们高端芯片的国产化还有很长的一段路要走,毕竟我们前期基础弱、底子薄、市场竞争压力大。总结来说,芯片"卡脖子"主要体现在以下几个方面。

(1)我国在高端芯片的设计和制造方面的水平,与国际先进水平仍存在较大差距。比如高端光刻机、刻蚀机等一些关键设备、光刻胶等关键材料、核心专利标准等仍掌握在美国、欧洲和日本等企业中,导致我们在芯片制造上受制于人。

(2)在电子设计自动化(EDA)等电路设计软件工具上比较落后。

（3）芯片相关产业链高端人才稀缺，企业在行业经验上积累不足。

（4）我国集成电路产业链虽初具规模，但市场竞争激烈，分工精细度差。

我国的集成电路发展一路走来磕磕绊绊，任重而道远。7 nm 以及更先进的工艺制程、封装测试技术、半导体设备、EDA 软件、光刻胶等等还有很长的路要走。

芯片技术，是现代工业化和信息化社会的基石，对国家的发展具有战略意义。芯片产业的发展需要长期的研发投入和技术积累，世界各国都在积极投入研发，争夺芯片技术的制高点。中美两国的经贸关系、地缘政治等因素都会对芯片相关产业产生深远影响，因此我国芯片的发展道路注定崎岖不平。

"凡战者，以正合，以奇胜"守正出奇！

本书内容

一场由晶体管、芯片、互联网点燃的革命，是继蒸汽机时代、电气化时代、信息化时代之后的第四次工业革命。互联网技术与人工智能的结合，极大地改变了人们的生产方式、生活方式以及思维方式。它旨在通过物联网、大数据、人工智能等先进技术，实现制造业的高度自动化、数字化、智能化和网络化，以原创性、颠覆性科技创新引领第四次科技革命。

集成电路从产生到成熟大致经历了电子管—晶体管—集成电路—超大规模集成电路几个阶段。本书以"芯片卡脖子"和摩尔定律为引子，以集成电路供应链上下游为视角，从全球半导体产业和技术发展几个关键人物和里程碑出发，梳理和解读芯片行业的发展和差距。

第一篇包含第一章和第二章，以几位对集成电路发展做出突出贡献的奠基性人物为切入点，从芯片发展的前世今生和国产芯片发展历程，到芯片起源、制程工艺、光刻机、芯片封装和测试、EDA 软件等方面做了阐述。

第二篇从第三章到第七章，重点从无源电子元器件分类和应用，有源电子元器件功能、分类、参数对比，以及市场行业应用，第三代半导体发展和应用市场等方面进行分析和展望。

第三篇为第八章和第九章，介绍了集成电路设计和制造厂商以及芯片的市场营销情况。

第四篇为第十章，重点探讨集成电路在汽车电子、充电桩、AI 服务器这三个典型行业中应用的技术进展以及发展趋势。

本书专注于电子元器件和芯片技术的发展与市场应用，旨在成为一本既具有深度又易于理解的科普图书。它适合芯片、半导体供应链上下游的从业人员，集成电路和模拟电子相关专业的高校学生，以及对芯片技术发展感兴趣的读者阅读。

希望每位读者都能从本书中汲取知识,为自己的职业生涯或兴趣爱好增添动力,也诚挚地欢迎每一位读者提出宝贵的意见和建议,共同推动本书的不断完善和进步。

致谢

本书在撰写过程中广泛征求了业内多位专家、学者以及朋友们的意见和建议,感谢各位行业专家和朋友们的帮助和支持!希望可以为我国的电子元器件产业发展尽一点微薄的力量!

特别致谢南京商络电子股份有限公司(股票代码:300975)董事长沙宏志先生。沙宏志先生拥有超过 25 年的电子元器件分销行业经验,他为本书的芯片分销、客户管理以及行业发展等内容提出了非常宝贵的建议,并为本书撰写序言。

特别致谢南京芯干线科技有限公司董事长、美国电气与电子工程师学会(IEEE)高级会员傅玥博士,求是缘半导体联盟副秘书长花菓博士,慧聪电子网、慧聪物联网总经理余素玉,威兆半导体 CEO 李伟聪,荣湃半导体(上海)有限公司创始人董志伟博士,感谢各位专家对本书提出的宝贵建议,并为本书撰写推荐语。

感谢东南大学出版社姜晓乐编辑,她为本书提出了非常详细的修改建议,是她的耐心与专业,促成了本书的最终成稿和顺利出版。还要感谢徐潇吟、茅凤凤、王作午等人为本书制图、校对文字,感谢黄锡静、李子夜提供封面设计方案。感谢所有商络电子的同事们一直以来的鼓励和支持。

因本人才疏学浅,水平有限,书中难免存在纰漏之处,敬请各位读者批评指正,不吝赐教!

最后由衷的感谢我的父母和家人,感谢夫人张静博士、儿子孙博超给予我的支持和鼓励,是你们用无私的爱和坚定的信念,鼓励我继续前行,也使得本书得以顺利出版!

孙建军

2024 年 7 月 12 日　于南京

>>> 目　录

第一篇　集成电路发展及制程和工艺篇

第二篇　电子元器件篇

第三篇　集成电路厂商和市场营销篇

第四篇　集成电路市场应用篇

第一篇

集成电路发展及制程和工艺篇

"创新就是一切。当您站在最前沿时，您可以看到下一个创新需要是什么。当你落后时，你必须花费你的精力来追赶。"

——罗伯特·诺伊斯

>>> 第一章

集成电路发展历程

芯片,这一在现代科技和日常生活中无处不在的微型电子器件,其本质是集成电路的载体,它将大量电子元件(如晶体管、电阻、电容、二极管等)经过设计、制造、封装、测试后集成在一个半导体基板上,形成各种复杂的电路结构,从而实现具有特殊功能的微型电路。

芯片的工作原理基于半导体材料的物理特性。在芯片上,晶体管等电子元件通过特定的连接方式形成电路,这些电路能够处理电子信号,完成各种运算、存储和控制等功能。芯片是物质世界与数字世界连接的接口,芯片种类繁多,被广泛应用于计算机、通信、消费电子、工业控制以及汽车电子等领域。

钱纲在《芯片改变世界》一书中提到:现在,芯片对我们日常生活影响举足轻重,但作为普通大众的我们对芯片的来历大多一无所知。人们不禁会问,芯片是什么? 芯片是如何被发明的? 芯片的工作原理是什么? 芯片是怎样被设计、制造出来的? 今天的芯片技术已经发展到了什么程度?

如今,芯片产业支撑起一个覆盖全球的巨大的信息网络,芯片的发展改变了我们的生活方式,成为我们生活中不可或缺的部分。

1.1　集成电路发展八代表

近年来大家对芯片产能、国产化替代、自动驾驶、人工智能等话题关注密切,图 1-1 是参考 2021 年至今的科技热词云图。

芯片是集成电路的载体,是实现集成电路功能的最小单元。芯片可以包含一个或多个集成电路,是半导体技术的最终产物。集成电路最基本的物理单元就是晶体管,是将多个电子元件(如晶体管、电阻、电容等)集成到一个半导体芯片上的技术和产品。

晶体管基于半导体材料的特殊性质,能够在不同的电信号条件下控制电流的流动。这种控制能力使得晶体管能够执行多种电子功能,可以用于检波、整流、放大、开关、稳

图 1-1　半导体科技热词

压、信号调制等功能。随着电子技术的不断发展,晶体管的尺寸不断缩小,性能不断提高,这使得集成电路能够在更小的体积内实现更复杂的功能,推动了整个电子行业的发展。

晶体管的发明被誉为 20 世纪最伟大的发明,晶体管是我们从物理世界通向数字世界的"细胞"。下面我们重点介绍在集成电路历史上最具影响力的八个代表性人物。

(1)威廉·肖克利,沃尔特·布拉顿和约翰·巴丁

1947 年 12 月,在贝尔实验室工作的威廉·肖克利和他的团队宣布了一项新的发明——晶体管,晶体管的出现标志着现代半导体产业的诞生,威廉·肖克利也因此获得 1956 年的诺贝尔物理学奖。

威廉·肖克利(Willian Shockley)是英国裔美国物理学家,1910 年 2 月 13 日生于英国伦敦,1936 年在马萨诸塞州理工学院获得固体物理学博士学位后留校任教。不久后加入了新泽西州的贝尔实验室。

1939 年,肖克利在肖特基和莫特势垒理论的启发下,结合表面态理论实验数据,提出了用半导体材料制作放大器的技术。1947 年,肖克利的两位同事沃尔特·布拉顿(Walter Brattain)和约翰·巴丁(John Bardeen)使用一个侧面贴有金箔、顶部分开两半的三角形塑料片,一片 N 型锗晶体半导体材料和一个弯折的纸架制成一个小模型,经过多次试验和改进,使其可以将音频信号放大,可以传导、放大和开关电流,详见图 1-2。

巴丁和布拉顿认为这个装置能够放大信号的本质是信号从低电阻输入转换成高电阻输出,其原理是基于空穴沿着半导体表面的反转层流动,于是命名为"晶体管"(transistor),是 trans-resistor 两个词合成的缩写。后来把这一发明称为"点接触式晶体管放大器"(point contact transistor amplifier)。这就是后来引发一场电子革命的"晶体

管"。晶体管的出现是贝尔实验室在世界集成半导体史上的奇迹,也使得集成电路进入新的纪元。

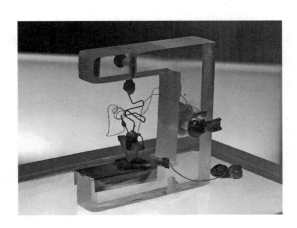

图 1-2　世界上第一个晶体管

1949 年,肖克利建立了一种新型的晶体管三层结构模型,并采用欧姆接触方式,通过金属引线分别连接中间一层 P 型半导体和外部两层 N 型半导体。肖克利将 3 条金属线引脚分别命名为发射极(emitter)、集电极(collector)和基极(base),通过控制中间一层很薄的基极上的电流,来调整电流的放大和缩小。

肖克利后来提出了更理性的结型晶体管的完整理论。1950 年,第一只结型晶体管问世,同年 11 月,肖克利发表了论述半导体器件原理的著作《半导体中的电子和空穴》,介绍了半导体材料的性质,能带理论和量子力学等知识。这一事件在半导体技术史上具有里程碑式的意义,不仅标志着晶体管技术的重大突破,也为后续半导体产业的发展奠定了坚实的理论基础。

1955 年,高纯硅的工业提炼技术已成熟,用硅晶片生产的晶体管收音机问世。1956 年,肖克利离开贝尔实验室,回到美国旧金山市圣克拉拉谷(硅谷),并创办了肖克利半导体公司,招募了大批优秀的半导体人才。后来由于肖克利的疑心重和不善于沟通,大批人员流失,发明了晶体管的肖克利并没有能够批量生产出晶体管,黯然离开实验室加入斯坦福大学成为一名大学教授。

1956 年,因为在半导体研究方面做出的贡献和发明了晶体管,肖克利与巴丁和布拉顿分享了当年的诺贝尔物理学奖。

(2) 罗伯特·诺伊斯——硅谷之父

1927 年 12 月,罗伯特·诺伊斯生于美国爱荷华州,1953 年获麻省理工学院物理学博士学位。1956 年初,加入肖克利半导体公司,1957 年,诺伊斯与摩尔等 8 人集体辞职,创办了仙童半导体公司。

1959 年 1 月,诺伊斯写出多种元件放在单一硅片上,同时用平面工艺将它们连接起来的电路方案,并开始进行研发,利用一层氧化膜作为半导体的绝缘层,制作出铝条连线,使元件和导线合成一体。不过这时德州仪器的杰克·基尔比已经制成人类历史上第一个移相振荡器集成电路。1959 年 2 月,德州仪器和基尔比向美国专利局申报专利。在专利申请中,基尔比将其描述为:"一种由半导体材料制成的新型微型电子电路,它包含一个扩散式 PN 结,电子电路的所有元件都被完全集成到半导体材料的主体中"。诺伊斯得知这个消息后十分懊悔。不过,随后他发现基尔比的集成电路是采用飞线连接,根本无法进行大规模生产,存在很大的缺陷。

诺伊斯的设想是:将电子设备的所有电路和一个个元器件都制成底版,然后刻在一个硅片上,这个硅片一旦刻好了,就是全部的电路,可以直接用于组装产品。此外,采用蒸发沉积金属的方式,可以代替热焊接导线,彻底消灭飞线。1959 年 7 月 30 日,诺伊斯基于自己的想法,提出"半导体器件和引线结构"(美国专利第 2,981,877 号)的专利申请。

诺伊斯的专利申请与基尔比的集成电路专利申请存在时间上的重叠和竞争。诺伊斯的设计是由硅制成的,而基尔比的芯片最初是由锗制成的,两者都意识到晶体管、电阻和电容可以组合在一块半导体材料板上,但采用了不同的技术和材料。

这导致基尔比所属的德州仪器与诺伊斯所属的仙童半导体,开始了长达数年的专利大战。直到 1966 年,法庭最终裁定将集成电路想法的发明权授予了基尔比,将更接近于现代意义上使用的封装到一个芯片中的集成电路的发明权授予了诺伊斯。后来,德州仪器公司和仙童公司达成了交叉许可协议,共享集成电路的专利技术。

1968 年,诺伊斯离开仙童半导体公司,与他的同事戈登·摩尔一起成立了英特尔公司。

1978 年,诺伊斯被授予 IEEE 荣誉勋章,"因为他对硅集成电路做出了贡献,硅集成电路是现代电子学的基石"。诺伊斯以其卓越的学术背景、创新能力、技术贡献和领导力,成了半导体行业的杰出领袖和集成电路的发明者之一。

(3)杰克·基尔比——集成电路之父

杰克·基尔比,1923 年 11 月 8 日出生于美国密苏里州。基尔比高考时因为数学成绩的 3 分之差与麻省理工学院失之交臂,最后选择了伊利诺伊大学香槟分校就读。入学后不久,珍珠港事件爆发,基尔比加入美军,成为一名无线电通信设备的维修员。

第二次世界大战结束后,基尔比重返伊利诺伊大学,并于 1947 年获得学士学位,之后进入全球联通公司(Globe Union)的中央实验室工作。此时,中央实验室已经开发出今天被称为"厚膜电路"的产品。这个产品使用陶瓷衬底,基于电子管技术,将电阻、电容以及部分电子元器件集成在一起,实现电路微型化。

1958 年 5 月,基尔比加入德州仪器。同年,他做出将晶体管、电容、电阻以及其他电子元器件集成在一块锗片上的电路,其外观见图 1-3 所示。该电路是一个带有 RC 反馈的单晶体管振荡器,整体是用胶水粘在玻璃载片上的,看上去有些简陋,这就是人类历史上第一个集成电路。

图 1-3 世界上第一块集成电路

2000 年,集成电路问世 42 年,77 岁的杰克·基尔比因为发明集成电路被授予诺贝尔物理学奖。诺贝尔奖评审委员会评价基尔比:"为现代信息技术奠定了基础"。

2008 年,TI 创建了一个以"基尔比"命名的实验室,用于研究那些半导体技术创新思维。杰克·基尔比发明的集成电路,几乎成为今天每个电子产品的必备部件,这些小小的集成电路芯片改变了世界。

（4）戈登·摩尔——摩尔定律

戈登·摩尔,1929 年出生在美国加州的旧金山。他曾获得加州大学伯克利分校的化学学士学位,并且在加州理工学院(Caltech)获得物理化学博士学位。20 世纪 50 年代中期,他和集成电路的发明者罗伯特·诺伊斯(Robert Noyce)一起,在威廉·肖克利半导体公司工作。后来,诺伊斯和摩尔等 8 人集体辞职并就职于史上有名的仙童半导体公司(Fairchild Semiconductor)。

1965 年,时任仙童半导体公司研究开发实验室主任的摩尔应邀为第 35 期《电子》杂志 35 周年专刊写了一篇报告,虽然只有 3 页纸的篇幅,但却是迄今为止半导体历史上最具意义的论文。"集成电路上可以容纳的晶体管数目大约每经过 18 个月便会增加一倍",这就是摩尔定律。后来更正为在 24 个月或两年内晶体管密度增加一倍,成本降低一半。

"摩尔定律"并非自然科学定律,它在一定程度上揭示了信息技术进步的速度。在摩尔定律被应用的 50 多年里,计算机从神秘不可近的庞然大物变成多数人都不可或缺的工具,信息技术由实验室进入无数个普通家庭。回顾 40 多年来半导体芯片业的进展并展望其未来,信息技术专家们认为,"摩尔定律"可能仍然会适用。

1968 年,诺伊斯和摩尔一起退出了硅谷半导体的摇篮——仙童公司,并一起创办了英特尔公司。在摩尔主导英特尔公司的十几年间(即从 1974 年至 1987 年),以个人计算机(PC)为代表的工业领域迅速崛起。这一时期,PC 市场呈现出爆发式的增长,而英特尔公司凭借其卓越的技术实力和敏锐的市场洞察力,成为这一领域的佼佼者。

摩尔以其非凡的远见卓识,准确地预测到个人计算机市场的广阔前景和巨大潜力。因此,他果断地做出决策,引领英特尔公司进行战略转移,专攻微型计算机的"心脏"部件,即中央处理器(CPU)。这一战略决策不仅使英特尔公司在 CPU 领域取得了举世瞩目的成就,更为其赢得了全球微处理器市场的领先地位。

(5) 胡正明——FinFET 工艺发明人

胡正明,1947 年 7 月出生于中国北京,微电子学家,美国国家工程院院士、中国科学院外籍院士,美国加州大学伯克利分校杰出讲座教授。

胡正明于 1968 年从台湾大学电机系毕业;1969 年赴美国加州大学伯克利分校留学,先后获得硕士、博士学位。1973 年博士毕业后前往麻省理工学院任助理教授。1976 年回到加州大学伯克利分校电子工程与计算机科学系任教。1996 年创办思略微电子有限公司并兼任董事长。

1999 年,胡正明教授开发出了鳍式场效应晶体管(FinFET),因晶体管的形状与鱼鳍相似而得名。这项技术使得晶体管的栅极能够更有效地控制源极和漏极之间的电流,从而提高了晶体管的性能和可靠性。英特尔在 2012 年正式量产鳍式晶体管,首发的是 22 nm 制程工艺,而台积电、三星等公司在之后的 16/14 nm 节点上也进入了 Fin-FET 晶体管时代。

除了 FinFET 技术外,胡正明教授还发明了基于超薄绝缘层上硅体技术(UTB-SOI),也被称为 FDSOI(全耗尽 SOI)晶体管技术。该技术作为一种全介质隔离技术,可以用来替代硅衬底。在晶体管相同的情况下,采用 SOI 技术可以实现在相同功耗下性能提高 30% 左右,或者在相同性能下,功耗降低 30% 左右。这项技术也集中在解决器件的漏电问题上,与 FinFET 技术一样,它对于半导体器件的微型化和可靠性提升具有重要意义。

胡正明主要从事微电子器件可靠性物理研究,他的发明和技术创新延长了摩尔定律的寿命,帮助英特尔公司和台积电公司成为芯片巨头。

(6) 张忠谋——集成电路代工缔造者

张忠谋,1931 年 7 月 10 日出生于浙江省宁波市,台湾积体电路制造股份有限公司

（台积电）创始人，被誉为"芯片大王""半导体教父"。他是麻省理工学院董事会成员和台湾机械科学院院士，并担任纽约证券交易所和斯坦福大学顾问。

1958 年，张忠谋与集成电路发明人杰克·基尔比同时进入美国 TI 公司。1972 年，就任 TI 公司副总裁，是当时 TI 的第三号人物，仅次于董事长和总裁。20 世纪 70 年代末，英特尔在内存市场所向无敌，当时的 TI 总裁夏柏重视消费性电子产品，不愿加大投资半导体，而张忠谋与其意见不合。1985 年，张忠谋辞去在美国的高薪职位前往中国台湾，出任台湾工业技术研究院院长。

1987 年，56 岁的张忠谋在台湾创办了台积电（TSMC），这一创举不仅展现了他的远见卓识，也彻底改变了半导体行业的格局。在那个时代，大多数半导体企业采用的是垂直整合制造模式（IDM），即自行设计、生产、测试芯片。然而，张忠谋却敏锐地洞察到了晶圆代工模式的潜力，决定专注于晶圆制造环节，为半导体设计公司提供制造服务。经过数十年的发展，台积电不仅成功地在晶圆代工领域站稳了脚跟，还逐渐成了全球半导体制造业的佼佼者。

张忠谋创立的台积电不仅开创了晶圆代工这一全新的商业模式，还通过持续的技术创新和卓越的品质控制，成为全球半导体制造业的领军企业。这一成就不仅为台积电自身带来了巨大的商业价值，也为整个半导体行业的发展注入了新的活力和动力。

1.2　硅谷"八叛逆"

"晶体管之父"威廉·肖克利将晶体管带到了硅谷，而真正创造了硅谷文化的却是这些被称为"八叛逆"的年轻人以及他们所创办的仙童半导体。硅谷孕育了成千上万的技术人才和管理人才，仙童也被誉为半导体行业的"西点军校"。此后像超微半导体（AMD）、英特尔（Intel）等一大批半导体企业人才都来自仙童半导体公司（Fairchild Semiconductor）。

直到 2015 年被美国安森美（ON Semiconductor）半导体公司以 24 亿美元收购，仙童半导体彻底谢幕半导体历史舞台。苹果公司创始人乔布斯曾经评价：仙童半导体公司就像一朵成熟了的蒲公英，你一吹它，这种创业精神的种子就随风四处飘扬了。

1955 年，肖克利离开贝尔实验室，返回故乡圣克拉拉，在那里创办肖克利半导体实验室。肖克利利用自己的影响力和知名度，成功招募了八位青年才俊加盟他的实验室。他们就是被称为"叛逆八人帮"的罗伯特·诺伊斯（Robert Noyce）、戈登·摩尔（Gordon Moore）、谢尔顿·罗伯茨（Sheldon Roberts）、朱利亚斯·布兰克（Julius Blank）、尤金·克莱纳（Eugene Kleiner）、金·赫尔尼（Jean Hoerni）、杰·拉斯特（Jay Last）、维克多·格里尼克（Victor Grinnich）。

尽管肖克利在学术科研方面取得了卓越成就,但他在管理方面却显得力不从心。他缺乏有效的管理技能和人际交往能力且疑心很重,难以与团队成员建立良好的沟通和合作关系。这种管理方式很快就引发了团队成员之间的矛盾和冲突。后来这八个人集体离开肖克利成立了仙童半导体公司,这一事件被称为硅谷历史上最著名的"八叛逆"事件。

1961年,"八叛逆"中的杰·拉斯特、金·赫尔尼和谢尔顿·罗伯茨最早从仙童离职,成立了阿内尔科(Amelco)公司,这家公司后来成为美国军方的核心供应商。1962年,尤金·克莱纳离职,先后创办了Edex、Intersil等公司。

1968年8月,罗伯特·诺伊斯和戈登·摩尔,带着工艺开发专家安迪·格鲁夫一起创办了世界芯片巨头英特尔公司。1969年6月,仙童的销售部主任杰里·桑德斯带着七名员工创办了AMD,此后AMD公司也成为计算机、通信和消费电子行业微处理器(如CPU、GPU、主板芯片组、显卡等),以及提供闪存和低功率处理器解决方案的巨头。值得一提的是,AMD在2020年10月27日以350亿美元收购现场可编程逻辑门阵列(FPGA)巨头赛灵思(Xilinx)公司。仙童公司在诺伊斯等八位创始人的带领下,发明了包括平面工艺和集成电路在内的多项关键技术,同时孕育出了包括Intel、AMD等在内的众多伟大的企业。这些技术的发明不仅推动了半导体产业的快速发展,还奠定了现代电子器件的基础,为后续的电子产业发展提供了重要的技术支持。

仙童半导体公司的成功不仅在于其技术创新和产业发展,更在于其敢于挑战权威、追求创新的精神。这种精神成了硅谷文化的重要组成部分,激励着无数创业者和创新者不断追求突破和进步。

1.3 中国芯片的发展历程

时任中国科学院微电子研究所所长叶甜春曾说,集成电路从设计到制造,是目前为止人类历史上最精密的设计、制造加工技术。若集成电路是喜马拉雅山,则核心芯片就是珠穆朗玛峰,需要全世界最高端的技术。

1956年6月,在国务院总理周恩来的亲自领导下,我国制定了科技发展远景规划,半导体技术被列为当时四大科研项目之一。由黄昆、谢希德和王守武等知名学者在人才培养和开拓性研究方面进行突击。黄昆在北京大学任教期间参与创建了中国第一个半导体物理专业,并同谢希德教授合著《半导体物理学》,填补了我国半导体教学与研究的空白。

1957年,北京电子管厂成功通过还原氧化锗的方法拉出了锗单晶,这一成就标志着中国开始掌握半导体材料的关键制备技术,为后续的半导体器件和集成电路的发展奠定了重要基础。

同年,毕业于美国宾夕法尼亚大学的林兰英博士,冲破重重阻挠回到祖国怀抱。她冒险带回来的 500 g 锗单晶和 100 g 硅单晶,成为我国半导体科研工作的无价之宝。次年,在林兰英的带领下,我国成功研制出第一根硅单晶。由于硅具有更好的稳定性、耐高温性和更广泛的适用性,因此逐渐取代了锗,成为半导体工业中最主要的材料。

1983 年,王守武教授出任国务院电子振兴领导小组集成电路顾问组组长。在他的主持下,我国成功研制出 16 Kbit 动态随机存取存储器(DRAM)电路,这一成果展示了我国在集成电路设计、制造和封装测试等方面的综合实力。

1.3.1 "531 战略"

20 世纪 50 年代是世界集成电路发展如火如荼的阶段。著名科学家钱学森曾经这样感慨道:60 年代,我们全力投入"两弹一星",我们得到很多,70 年代我们没有搞半导体,我们为此失去很多。

1986 年 11 月 9 日,电子工业部在厦门主持召开了集成电路战略研讨会,出台了集成电路"七五"规划(1986 年—1990 年),对集成电路产业特点、产业建设、产品结构、技术改造、组织攻关、发展趋势和我国现状进行了详尽分析,明确了在北京和上海建设南北两个微电子基地,包括技术水平上普及 5 μm 工艺技术,重点企业研发 3 μm 技术,科技攻关 1 μm 技术,也就是"531 战略",这是我国半导体产业第一个重大战略。

742 厂,也就是江南无线电器材厂,隶属于中华人民共和国第四机械工业部。起初是以生产二极管为主的地方国营小厂,作为"531 战略"承担主体单位,742 厂先后从日本东芝引进彩色显像管生产线,又从东芝和西门子引进 2~3 μm 数字电路全线设备和技术。到 1987 年,从这条生产线上生产出来的芯片用在了 40% 的国产电视机、音响和电源上,742 厂也一跃成为当时我国产能最大、工序最全的现代化集成电路生产厂。当时,全国各地芯片企业纷纷派出考察团奔赴无锡,向 742 厂学习 5 μm 集成电路生产技术。

"531 战略"是通过引进技术的方式得以实现的。到 1988 年,我国的集成电路年产量终于达到 1 亿块。回顾历史,美国在 1966 年率先达到了这一标准,随后日本在 1968年也成功跨越了这一门槛。相比之下,中国经过 20 多年后,直到 1988 年才达到了这一标准线。

1989 年,742 厂与永川半导体研究所合并成立无锡微电子联合公司,即中国华晶电子集团公司。华晶电子在合并后试制出了中国第一块 256K DRAM 芯片,这一成就标志着中国半导体产业在 DRAM 芯片领域取得了重要突破。

1990 年,国家计委和电子工业部提出集成电路的"908 工程"建设,核心项目是建设150 mm 硅片及多晶硅生产线,建成一条 6 in、0.8~1 μm、月产能 2 万片、年产能 3000

万块的大规模集成电路生产线。

1.3.2 "909 工程"

"908 工程"先后从美国朗讯公司引进 0.9 μm 数字电路设备和技术。由于种种原因,直到 1997 年建成投产后,华晶的技术水平已经落后国际主流技术 4 代以上,月产能只有 800 块,而英特尔的最新工艺已经达到 0.25 μm。"908 工程"投产当年亏损 2.4 亿元,称为"投产即落后"的典型反面案例。直到 2002 年,华润集团完成对华晶电子的收购,更名为"无锡华润微电子有限公司",并于 2020 年科创板挂牌上市。

1996 年,电子工业部成立"909 工程"专项小组,主要内容是建设我国第一条200 mm 硅单晶、8 in、0.5 μm 集成电路生产线。时任电子工业部部长的胡启立兼任华虹集团董事长,直接主持"909"工程。

吸取了"908 工程"与市场脱节的教训,上海华虹微电子公司与日本 NEC 组建成立上海华虹 NEC 电子有限公司,1999 年 2 月 200 mm 生产线建成投产,工艺技术为0.35~0.5 μm,主导产品为 64 MB 和 128 MB 同步动态存储器,达到当时的国际水准,华虹建成当年即盈利,2000 年取得了超过 30 亿元的销售收入,同时利润超过 5 亿元。

2003 年,日本 NEC 的订单严重缩减,退出 DRAM 市场,华虹从 NEC 收回了合资企业的经营管理权,正式转型为代工厂。华虹在上海和无锡建有 3 座 8 in 代工厂,3 座12 in 代工厂,营收大头是嵌入式/独立式非易失性存储器和功率 IC 代工,是中国大陆最大 MCU 代工厂、全球最大功率 IC 代工厂。华虹半导体于 2023 年 8 月在科创板上市,称为中国大陆第二大、全球第六大晶圆代工厂。

在"七五"到"九五"期间,从"531 战略"、"908 工程"到"909 工程",中国几代的科学家、工程师和企业家试图从"引进、消化、吸收、创新"的技术发展道路上前进。

通过引进国外先进技术,加强消化吸收和自主创新,不断提升国内半导体产业的技术水平和竞争力。在这一过程中,我国不仅积累了丰富的技术经验和人才储备,还形成了较为完善的微电子产业体系和创新体系,为后续的产业升级和转型提供了有力支撑。

胡启立在《"芯"路历程》自序中写道:立了项,但迟迟找不到合作伙伴,外国人嘲讽说"中国人以为有了钱就能搞半导体",搞"错位"了;工程开始建设了,恰逢半导体市场低迷;和日本 NEC 谈成了,却又招来批评,有人说"中国人买个炮仗让日本人放"。"一路坎坷一路歌",胡启立如是形容"909 工程"十年的历程。"909 工程"是中国在集成电路产业发展道路上的探索和实践,它的成功带动了整个产业链上下游的发展,也为我国集成电路自给自足的发展积累了宝贵经验。

1.4　国产芯片发展与机遇

一大批中国"芯"的先驱者们很早就深刻认识到,唯有自力更生才能突破,才能不被"卡脖子"。从黄昆、王守武、王守觉、林兰英等人研究仙童公司的平面光刻技术开始,中国就已经踏上了自主研发半导体技术的征程。在他们的努力下,中国半导体产业取得了显著的进步。例如,我国第一块由 7 个晶体管组成的集成电路的诞生,就标志着中国在半导体领域迈出了重要的一步。

2022 年 8 月 9 日,美国总统拜登在白宫签署授权资金总额高达 2800 亿美元的《2022 年芯片和科学法案》(简称"芯片法案")。结合美国一系列的"实体清单"、《建立供应链弹性、振兴美国制造、促进广泛增长评估报告》《芯片法案》等,美国通过出口管制、投资限制、关税贸易、制裁措施等牵制中国的发展,正在逐渐从提升自身、联合盟友、限制中国三个方面遏制中国高精尖技术的发展,加速本国半导体产业链召回,减少对中国供应链的依赖,重塑全球半导体芯片产业链供应格局。这些举措迫使中国半导体产业加快替换进程,尤其是使如光刻机这样的高端半导体设备研发和生产提速。

表 1-1　近几年美国对中国半导体的相关政策

序号	发布时间	地区	相关事件	具体措施
1	2020 年 12 月	美国	实体清单	美国商务部将中芯国际等 77 个实体列入实体清单
2	2021 年 6 月	美国	《建立供应链弹性、振兴美国制造、促进广泛增长评估报告》	报告明确提出通过 500 亿美元专项投资,为美国的半导体制造和研发提供专项资金,加速半导体行业回流
3	2022 年 8 月	美国	《芯片法案》	该法案将为美国半导体研发、制造以及劳动力发展提供 527 亿美元。其中 390 亿美元将用于半导体制造业的激励措施,20 亿美元用于汽车和国防系统使用的传统芯片
4	2022 年 8 月	美国	出口限制临时最终规则	拟限制用于设计半导体环绕栅极场效应晶体管（GAAFET）结构的集成电路所必须的 EDA/ECAD 软件,以金刚石和氧化镓为代表的超宽禁带半导体材料,包括压力增益燃烧（PGC）在内的四项技术实施了新的出口管制
5	2023 年 10 月	美国	实体清单升级	1. 修改并显著扩大对先进计算芯片及超算领域的出口管制限制; 2. 修订针对半导体制造设备及先进制程集成电路制造的限制规则

中国半导体芯片尤其是高端芯片对外依赖度比较高,自给率当前总体不足20%,进出口长期存在贸易逆差。这与2015年国务院发布的《中国制造2025》中提到的:"到2025年,70%的核心基础零部件、关键基础材料实现自主保障,80种标志性先进工艺得到推广应用,部分达到国际领先水平,建成较为完善的产业技术基础服务体系,逐步形成整机牵引和基础支撑协调互动的产业创新发展格局。"这一要求还有较大差距。

表1-2 国内半导体相关政策版本

序号	发布时间	相关事件	具体措施	颁布主体
1	2021年3月	《中华人民共和国国民经济和社会发展第十四个五年规划和2035年远景目标纲要》	加强原创性引领性科技攻关,加强集成电路设计工具、重点装备和高纯靶材等关键材料研发,集成电路先进工艺,突破和绝缘栅双极性晶体管、微机电系统等特色工艺突破,先进存储技术升级,碳化硅、氮化镓等宽禁带半导体发展	第十三届全国人大会议
2	2021年4月	《关于开展第三批专精特新"小巨人"企业培育工作的通知》	对加快培育发展以专精特新"小巨人"企业、制造业单项冠军企业、产业链领航企业为代表的优质企业提出十点建议	工业和信息化部等六部门
3	2022年10月	《深圳市关于促进半导体与集成电路产业高质量发展的若干措施(征求意见稿)》	重点支持高端通用芯片、专用芯片和核心芯片、化合物半导体芯片等芯片设计;硅基集成电路制造;氮化镓、碳化硅等化合物半导体制造;器件制造;晶圆级封装、三维封装、芯粒(chiplet)等先进封装测试技术;EDA工具、关键IP核技术开发与应用;光刻、刻蚀、离子注入、沉积、检测设备等先进装备及关键零部件生产;以及核心半导体材料研发和产业化	深圳市发展和改革委员会
4	2023年3月	《关于做好2023年享受税收优惠政策的集成电路企业或工信部等五项目、软件企业清单制定工作有关要求的通知》	《通知》公布新一年享受税收优惠政策的集成电路企业或项目、软件企业清单制定的程序和标准。对企业研发人员比例、知识产权数量提出新的要求。同时,本政策指出封装企业应符合国家布局规划、固定资产投资超过10亿元、封装规划年产超10亿颗芯片或50万片晶圆	国家发展和改革委等五部门

2023年8月4日,国际欧亚科学院院士、中国半导体行业协会集成电路分会理事长叶甜春在第七届"芯动北京"中关村IC产业高峰论坛上,进行了题为《以"再全球化"应对"逆全球化"——走出中国集成电路特色创新之路》的演讲。

他指出,面对国际上的挑战,应对逆全球化的策略,一是从依赖"国际大循环"转为依托"国内大循环",二是引导"双循环",推进"再全球化"。下阶段的战略是"以产品为中心,以行业解决方案为牵引",从"追赶战略"转向"路径创新"战略,更多发挥中国市场崛起的优势,以中国市场引领全球市场,开辟新赛道,形成内循环＋双循环,重塑全球产业链。

叶甜春的演讲不仅分析了当前中国集成电路产业面临的挑战和机遇,还提出了具体的发展战略和未来趋势。他的观点对于指导中国集成电路产业的发展具有重要意义,有助于推动中国在全球集成电路产业中的地位进一步提升。

中国作为全球最大的电子产品消费国之一,对芯片的需求量巨大。这种庞大的内需市场为芯片产业提供了广阔的应用场景和增长空间。国家高度重视芯片产业的发展,做出了很多针对性的调控政策和产业市场扶持政策,包括财政补贴、税收优惠、研发资金支持等,为芯片企业提供了良好的发展环境。

国产芯片加快产业升级需要政府、企业和社会各界的共同努力。林毅夫、王景颇在《新质生产力:中国创新发展的着力点与内在逻辑》一书中提出如下几点建议:
第一,回归市场机制本质,政府政策支持配合。第二,产业体系的整体升级与支撑。第三,进一步比较美国政府与英特尔、韩国政府与三星电子等例子,来看芯片产业中政府与市场结合的效果。第四,在中国芯片产业发展的长周期过程中,需要深度依赖稳定的政策环境。

简言之,我国芯片产业具有广阔的发展前景和巨大的市场潜力。只要我们抓住机遇、乘势而上、创新驱动、协同发展,就一定能够实现芯片产业的升级甚至赶超,为我国经济的高质量发展注入新的强大动力。

>>> **第二章**

集成电路制程和工艺

集成电路(IC),也称为半导体芯片。人们利用一些特殊的工艺,将成千上万的晶体管、电阻、电容等电子元器件互联集成在一起,并制造在一块半导体晶圆上,然后封装在一个塑料或陶瓷外壳内,形成具有特殊功能的微型电路。

芯片制造始于普通的硅晶圆片,经过硅片制造、芯片制造、封装测试等数千道高度精密和复杂的工艺过程,最终制成具有特殊功能的芯片。芯片制造是技术密集型产业,需要先进的设计软件、高度专业化的设备、严格的环境控制、精确的工艺参数以及经验丰富的技术人员参与其中。

2.1 集成电路的逻辑制程

集成电路技术的发展大致分两个方向,一个是沿着摩尔定律发展,将芯片的集成度不断提高,价格不断降低;另外一个方向是聚焦"特色工艺",满足多样化需求。目前全球集成电路厂商的经营模式主要有以下三种:没有生产线、只做集成电路设计的无晶圆(Fabless)模式(如苹果、小米、兆易创新等);只负责制造和代工生产的晶圆代工(Foundry)模式(如台积电、中芯国际、长电科技等);以及设计和制造一体化的集成器件制造(IDM)模式(如三星、英特尔等),几种不同半导体商业模式详细如图 2-1 所示。

集成电路的大小取决于控制电路栅极的长度,因此我们常常用栅极长度代表半导体制程的进步程度。栅极长度会随制程技术的进步而变小,从早期的 $0.18\ \mu m$、$0.13\ \mu m$,发展到 90 nm、65 nm、45 nm、22 nm、14 nm,目前最新的制程有 10 nm、7 nm、5 nm、3 nm,未来甚至可以做到 2 nm。栅极长度越小,封装以后的集成电路就越小,最后做出来的产品就越小,详细可以参考台积电官网发布的制程发展路线图,如图 2-2 所示。

提到芯片工艺制程,2021 年 12 月 22 日,台积电(中国)总经理罗镇球在 ICCAD

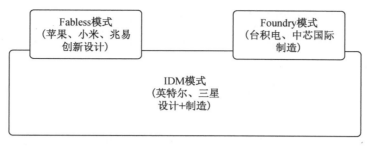

图 2-1 集成电路商业模式

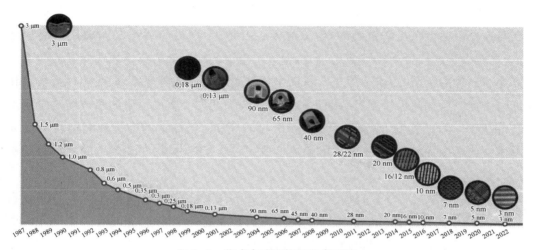

图 2-2 集成电路逻辑制程发展图

2021 年年会上表示,台积电在 3 nm 工艺制程上仍然采用 FinFET 工艺,预计到 2 nm 工艺节点才开始转向全环绕栅极晶体管(Gate-All-Around,GAA)工艺,另外还将采用新的材料。根据台积电的预测,2 nm 工艺相比 5 nm 工艺,运算速度提高 15%,功耗降低 30%。

而从各家公司公布的路线来看,三星自 3 nm 节点开始就放弃了 FinFET 工艺,率先转向了 GAA 晶体管工艺;英特尔则计划在 2024 年量产 3 nm,将其 20A 工艺改用 GAA 晶体管,预计 2025 年量产全环绕栅极场效应管(RibbonFET)。

1999 年,胡正明教授在美国加州大学领导的一个由美国国防部高级研究计划局出资赞助的研究小组发现,当晶体管栅极长度逼近 20 nm 时,传统的体硅 CMOS(Bulk CMOS)在更小的尺寸下面临着电流控制能力下降、漏电率提高等问题,已经难以获得等比例缩小的性能、成本和功耗优势。为此,胡教授提出了两种解决途径:一种是三维型体硅结构的 FinFET 工艺,另外一种是全耗尽型绝缘体上硅(FD-SOI)工艺,FinFET 和 FD-SOI 工艺的发明使 14 nm/16 nm 摩尔定律在今天得以延续。

台积电在 2022 年底宣布量产 3 nm FinFET,改良的 N3B 制程将良品率提高到

80%,表现相当亮眼,同时 2023 年量产的 N3E 制程的良品率超过了 80%,而且价格更低更有竞争力。韩国三星早在 2022 年中就宣布量产 3 nm 全环绕栅极场效应晶体管(GAAFET),但是媒体爆料三星在 3 nm GAAFET 良品率遇到较大挑战,良品率只有 20%。目前进度和良品率都领先的只有台积电,因此我们更加期待未来台积电和三星在制程上的竞争。

当栅极长度从 0.18 μm 缩短到今天主流的 14 nm 及更小尺寸时会遇到一些问题。比如栅极长度越小,源极和漏极的距离就越近,栅极下方的氧化物也越薄,电子有可能会产生漏电(leakage)。另外一个更麻烦的问题是,原本电子是否能从源极流到漏极是由栅极电压来控制的,但是栅极长度越小,栅极与通道之间的接触面积越小,当栅极长度接近 20 nm 或更小时,栅极对电流的控制能力将出现业内疑为沟道长度变短导致的所谓"短沟道效应",从而出现严重的电流漏电现象,最终芯片会发热和耗电失控。要如何保持栅极对通道的影响力呢? 胡正明教授提出的鳍式场效应晶体管,把原本 2D 结构的 MOSFET 改为 3D 的 FinFET,把原本的源极和漏极拉高变成立体板状结构,源极和漏极之间的通道变成了板状,因此栅极与通道之间的接触面积变大了。

英特尔最早在 22 nm 制程工艺上采用了 FinFET 技术,台积电从 16 nm、14 nm 到 7 nm、3 nm 一直沿用 FinFET 技术。随着栅极长度进一步缩小,很难在一个单元内填充多个鳍线,同时 FinFET 的静电问题也严重制约了晶体管性能的提升,FinFET 在 3 nm 工艺逼近极限,这个时候 GAAFET 出现了。与 FinFET 相比,GAAFET 采用纳米线沟道设计,栅极可以完全包裹沟道外轮廓,因而对沟道的控制性更好。其原理就是增加栅极与电子通道的接触面积,从而增强栅极对电流的控制效果。GAAFET 晶体管拥有更好的静电特性,且能以更低的功耗实现更好的开关效果,但是其对良品率的控制一直是个问题。

根据源极与漏极间通道的长宽比不同,GAAFET 晶体管又分为纳米线结构和纳米片结构。三星 3 nm 工艺采用了后一种多层堆叠纳米片的 GAA 结构,并将其命名为 MBCFET。几种不同的晶体管架构如图 2-3 所示。

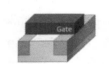  

(a) 平面场效应晶体管　　(b) 鳍式场效应晶体管　　(c) 全环绕栅极场效应晶体管　(d) 多桥通道场效应晶体管
　　(Planar FET)　　　　　　(FinFET)　　　　　　　　　(GAAFET)　　　　　　　　(MBCFET)

图 2-3　几种不同的晶体管架构

2022 年 6 月 30 日,韩国三星电子宣布,基于 3 nm GAAFET 制程工艺节点的芯片已经开始在韩国华城工厂生产。其 3 nm 芯片在全球范围内首次采用了多桥通道场效应晶体管(MBCFET)技术,突破了 FinFET 技术的性能限制。该技术基于 GAA 晶体管架构,通过降低工作电压并增加驱动电流,有效提高了芯片性能及能耗比。

近年来,我国在芯片设计领域发展迅速。2019 年初,中芯国际宣布实现了 14 nm 芯片的量产。中芯国际的 FinFET 工艺主要有四种模式,分别是 14 nm、12 nm、$N+1$ 工艺和 $N+2$ 工艺。那么什么是 $N+1$ 工艺呢? 简单地说,就是相当于 7 nm 的标准,但是又不完全一样,利用 $N+1$ 工艺制造出来的芯片,相对于 14 nm 芯片,在逻辑面积上减少了 63%,在性能上提高了 20%,在功耗上节省了 57%。$N+2$ 工艺是在原来的技术性能上的升级,相当于台积电 7 nm 芯片的工艺水平。华虹半导体则以本土设计团队为主,在 2020 年初宣布突破了 14 nm FinFET 工艺。

我国芯片制造的先进工艺水平距离全球顶尖水平至少有 2~3 代的差距。由表 2-1 给出的主要晶圆厂制程技术路线可以看出。

表 2-1　主要晶圆厂制程节点技术路线表

企业名称	2011 年	2012 年	2013 年	2014 年	2015 年	2017 年	2018 年	2019 年	2020 年	2021 年	2022 年
英特尔	22 nm			14 nm		14 nm+		10 nm	10 nm+	10 nm++	7 nm
三星		28 nm		20 nm	14 nm	10 nm	8 nm	7 nm	5 nm	4 nm	3 nm
台积电	28 nm			20 nm	16 nm	10 nm	7 nm		5 nm		3 nm
格罗方德			28 nm	20 nm	14 nm		12 nm			12 nm+	
台联电		28 nm				14 nm					
中芯国际	40 nm				28 nm			14 nm	12 nm	8~10 nm	

2.2　芯片制造

在芯片的原理图设计完成后,芯片设计厂商会将图纸交由芯片制造厂进行试产,测试性能没有问题后就可以进行量产了。每颗芯片的制造都需要数百道工序。经过整理,整个制造过程如图 2-4 所示,可分为晶圆加工、氧化、光刻、刻蚀、薄膜沉积、互连、测试和封装 8 个步骤。

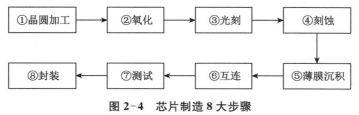

图 2-4　芯片制造 8 大步骤

2.2.1　晶圆加工

晶圆是指制作硅半导体电路所用的硅晶片,其原始材料是高纯度硅,硅材料还有着优良的热性能与机械性能,具有易于生长成大尺寸高纯度晶体的特点。但相对于第三代半导体碳化硅、氮化镓、砷化镓等半导体材料,硅材料的物理性质(禁带宽度、电子迁移速率、饱和速率等)限制了其在光电子和高频、高功率器件上的应用,后续我们会在第三代半导体详细叙述。

晶圆加工是把石英砂经过冶炼去除杂质,经过物理提纯和还原,把化合物的硅变成半导体级多晶硅或电子级的多晶硅。其中,半导体级多晶硅纯度要求达到 99.999 999 9%(俗称 9 N),电子级多晶硅纯度要求通常达到 10 N(99.999 999 99%)或更高的级别。由于多晶硅在光学、机械、力学、热学和电学性质方面不如单晶硅,所以要制造芯片,还需要把多晶硅变成单晶硅。高纯度的多晶硅溶解后掺入硅晶体晶种,然后慢慢拉出,形成圆柱形的单晶硅。硅晶棒在经过研磨,抛光,切片后,形成硅晶圆片,也就是晶圆。

国内常用的晶圆生产线以 8 in 和 12 in 为主。晶圆的直径越大,同一圆片上可生产的芯片就越多,晶圆越薄,制造成本就越低。但是晶圆直径增大后,良品率控制难度增大。晶圆的尺寸和制程见表 2-2 所示。

表 2-2　晶圆尺寸和制程表

晶圆尺寸/in	晶圆直径/mm	面积/cm²	质量/g	单位面积重量 /(g/in²)	对应制程
2	51	20.26	1.32	0.42	5 μm
4	100	78.65	9.67	0.77	3 μm~0.5 μm
6	150	176.72	27.82	0.98	0.35 μm~0.13 μm
8	200	314.16	52.98	1.05	90 nm~55 nm
12	300	706.21	127.62	1.13	28 nm~3 nm

晶圆制作加工主要有三个关键步骤:铸锭、切割和抛光。

铸锭就是通过直拉法或区熔法,把多晶硅拉成单晶硅棒的过程。具体而言,就是将电子级纯度的多晶硅放在石英坩埚中加热,得到硅溶液,把一根电子级高纯度硅棒放进硅溶液后,经过引晶、收颈、放肩、转肩、等径生长和收尾这些专业步骤,得到一根纯度极高的单晶硅棒。

单晶硅棒直拉法无法获得一个非常完美的圆柱体,整个硅锭都会有尺寸的偏差,因此,需要对其进行修整和研磨。光刻机需要通过定位边对硅片进行最开始的定位和校准,同时也会在硅段的侧面再磨出一个平面或一道沟槽作为定位边(flat 小于 12 in)或定位槽(notch),最后采用金刚线多切割机把硅段切成晶圆片。再通过倒角机把硅片边缘的直角边磨成圆弧形。也许有人会问,为什么晶圆不是做成方形的?圆弧状晶圆有两个优点:一是在光刻时,光刻胶是通过旋转的方式涂抹在硅晶圆表面上的,圆弧形的硅片可以避免光刻胶因为离心力在边缘处累积造成厚度不均;二是在做外延生长时,圆弧状的晶圆可以消除边缘沉积的现象。

经过切割过后的晶圆片被称为"裸片",不能直接在上面印刷电路图,需要通过研磨和表面多次抛光,去除晶圆表面的瑕疵和残留物,从而获得表面光洁的成品晶圆,其光滑度和平整度要控制在 1nm 以内,起伏波动不能超过一根头发丝,一根头发丝的厚度大概是 6 万 nm,相当于精度要控制在头发丝厚度的六万分之一。

2.2.2　氧化

为了防止晶圆被污染,在芯片印刷电路前,需要给它增加一层氧化膜进行保护,也就是氧化。将硅片放在氧化炉中,在 800~1 200 ℃的高温环境下使硅表面与氧气反应形成二氧化硅层,氧化的过程会在整个芯片的制程中反复多次进行。

热氧化过程根据氧化使用的气体种类,常见的可分为干法氧化、湿法氧化、蒸汽氧化三种方法。干法氧化使用纯氧产生二氧化硅层,其缺点是速度慢,但氧化层薄而致密;湿法氧化需同时使用氧气和高溶解度的去离子水蒸气,其特点是生成的氧化层生长速度快,但保护层相对较厚且结构略粗糙;蒸汽氧化法只使用去离子水蒸气。

2.2.3　光刻

光刻是通过光线将电路图案"印刷"到晶圆上,我们可以将其理解为在晶圆表面绘制制造半导体所需的平面图。光刻可分为涂覆光刻胶、曝光和显影冲洗三个步骤。光刻工艺需要光刻机、光掩膜和光刻胶。涂覆光刻胶在晶圆上绘制电路的第一步是在氧化层上涂覆光刻胶。光刻胶通过改变化学性质的方式让晶圆成为"相纸"。我们可以通过曝光设备来选择性地穿过光线,当光线穿过包含电路图案的掩膜时,就能将电路印制到下方涂有光刻胶薄膜的晶圆上。

光刻工艺是将掩膜版上的几何图形转移到晶圆表面的光刻胶上。首先光刻胶处理设备把光刻胶旋涂到晶圆表面,再经过分步重复曝光和显影处理之后,在晶圆上形成需要的图形。下一步使用化学气体或离子束,通过刻蚀工艺去除多余的氧化膜,在晶圆上只留下半导体电路图。后面通过使用化学溶剂将光刻胶去除,只保留暴露的硅芯片电路图表面和部分氧化层。

表 2-3 光刻机的迭代过程表

迭代	光源	波长/nm	对应设备	最小工艺节点/nm	主要用途
第一代	可见光	436	接触式光刻机	800～250	6 in 晶圆
			接近式光刻机	800～250	6 in 晶圆
第二代	紫外光	365	接触式光刻机	800～250	6 in、8 in 晶圆
			接近式光刻机	800～250	6 in、8 in 晶圆
第三代	深紫外光	248	扫描投影式光刻机	180～130	8 in 晶圆
第四代	超紫外光	193	浸没步进式光刻机、步进投影式光刻机	130～65	12 in 晶圆
				45～22	12 in 晶圆
第五代	极紫外光	13.5	极紫外光刻机	22～7	12 in 晶圆

综合来看，光刻机大致分为五代，详细参考表 2-3。第一代、第二代光刻机为汞灯光源，采用接触式光刻，即掩模贴在硅片上进行光刻。这种工艺并不算尖端科技，光刻机的工作原理与幻灯机类似，主要是佳能、尼康等企业在生产。第三代为扫描投影式光刻机，光源通过掩模，经光学镜头调整和补偿后，以扫描的方式在硅片上实现曝光，成功将最小制程节点提升至 180 nm。当前主流的第四代光刻机，分为浸没步进式与步进投影式两大类，最高可实现 7 nm 制程工艺。第五代最为先进的 EUV 极紫外光刻机，目前仅有荷兰阿斯麦一家公司可以生产，技术难度非常高。

2.2.4 刻蚀

在晶圆上完成电路图光刻之后，就要用刻蚀工艺来去除晶圆上多余的氧化膜部分，只保留所需要的电路图。刻蚀的方法主要分为两种，一种使用特殊的化学溶液进行化学反应从而去除氧化膜的湿法刻蚀，另一种是使用氟化氢气体或等离子体的干法刻蚀。

2.2.5 薄膜沉积

为了能够在同一面积上创建更多空间，需要不断地沉积一层一层的薄膜，并通过刻蚀去除掉其中多余部分，另外还要添加一些材料将不同的器件分离开来。就像我们搭乐高积木一样一层一层的搭建起来，每个晶体管或存储单元就是通过上述过程一步一步构建起来的。

我们这里所说的"薄膜"是指厚度小于 1 μm 的薄膜，放到晶圆上的过程就是沉积。先进的制程需要在晶圆表面反复交替堆叠多层薄金属（导电）膜和介电（绝缘）膜，之后再通过重复刻蚀工艺去除多余部分并形成三维结构。可用于沉积过程的技术包括化学气相沉积(CVD)、原子层沉积(ALD)和物理气相沉积(PVD),采用这些技术的方法又可以分为干法沉积和湿法沉积两种。

2.2.6　互连

接下来就是通过互连工艺实现电与信号的发送与接收。互连工艺主要使用低电阻率金属铝和铜这两种物质。

铝具有出色的导电性,其成本较低、容易光刻、刻蚀和沉积。此外,它与氧化膜黏附的效果也比较好,其缺点是容易腐蚀且熔点较低。

随着半导体工艺精密度的提升以及器件尺寸的缩小,铝电路的连接速度和电气特性逐渐无法满足要求。铜的电阻更低、可靠性更高,因此能实现更快的器件连接速度,它比铝更能抵抗电迁移,也就是电流流过金属时发生的金属离子运动。

2.2.7　测试

测试的主要目标是检验芯片的质量是否达到一定标准,从而消除不良产品并提高芯片的可靠性。典型的测试工艺流程为前道工艺、后道工艺以及外观检查、成品测试等。

前道工艺(Front of Line,FOL):主要流程有磨片、晶圆安装、晶圆切割、清洗、光检、点银浆、芯片粘贴、银浆固化、光检等工序。

后道工艺(End of Line,EOL):主要流程有注塑、激光打字、模后固化、去溢料/电镀、电镀退火、切筋成型、光检等工序。

(1)晶圆磨片:具体流程是将晶圆进行背面研磨,来减薄晶圆,达到封装需要的厚度(8～10 mils)。磨片时,需要在正面贴胶带保护电路区域,同时研磨背面。晶圆清洗主要清洗晶圆切割时候产生的各种粉尘。接着进行第二道光检测,在显微镜下检查晶圆是否有崩边情况,是不是废品等。

(2)芯片拾取过程:具体过程有点银浆、芯片粘贴、银浆固化、第三道光检等。引线焊接是封装工艺中最为关键的一步工艺。它利用高纯度的金属线(如金线、铜线或铝线)将芯片上的电路外接点与引线框架上的连接点连接起来。第三道光检检查芯片粘贴和银浆固化之后有无各种废品,对产品外观进行检查。

(3)注塑:为了防止外部环境的冲击,利用塑封料把引线键合完成后的产品封装起来,并需要加热硬化。塑封料为黑色块状,低温存储,使用前需先回温。其特性为:在高温下先处于熔融状态,然后会逐渐硬化,最终成型。

(4)激光打字:在芯片的正面或者背面激光刻字。刻字内容包括:产品名称,生产日期,生产批次等。

（5）模后固化：用于注塑后塑封料的固化，保护芯片内部结构，消除内部应力。

（6）去溢料：目的在于去除注塑后在管体周围焊盘之间多余的溢料，主要的方法有弱酸浸泡、高压水冲洗等。

（7）电镀：利用金属和化学的方法，在引线框架的表面镀上一层镀层，以防止外界环境的影响（潮湿和热）。并且使元器件在 PCB 板上容易焊接及提高导电性。目前普遍采用的电镀技术是无铅电镀，采用的是＞99.95％的高纯度的锡，符合 Rohs 的要求。

（8）电镀退火：晶须，是指锡在长时间的潮湿环境和温度变化环境下生长出的一种须状晶体，可能导致产品引脚的短路。

（9）切筋成型：切筋是将一条片的引线框架切割成单独的芯片的过程。成型是对切筋后的芯片进行引脚成型，达到工艺要求的形状，并放置进管装或者盘装包装中。

（10）第四道光检：在低倍放大镜下，对产品外观进行检查。主要针对后道工艺可能产生的废品进行处理：例如注塑缺陷，电镀缺陷和切筋成型缺陷等。

2.2.8 封装

封装体（package）、裸芯片（die）和不同类型的框架和塑封料等，形成的不同外形的封装体。芯片的封装种类很多，目前主流的封装形式主要有陶瓷封装、金属封装、塑料封装三种。

金属封装，这种封装方式具有较高的机械强度和良好的散热性能，同时具备气密性。然而，金属封装的价格较高，而且在外形灵活性上相对较差。

塑料封装，这种封装方式具有低成本、轻质和良好的绝缘性能等优点，适用于大批量生产，应用范围极广。然而，相对于陶瓷封装和金属封装而言，塑料封装在散热性、耐热性和密封性方面相对较差。

陶瓷封装，陶瓷基板封装具有导热性能优异、热膨胀系数小、高频性能好、热稳定性佳、气密性好、耐湿性强、绝缘性好等优点。然而，与其他两种封装方式相比，陶瓷封装的成本相对较高。

按照和 PCB 板的连接方式可分为：通孔式（Pin Through Hole，PTH）封装和表面贴装式（Surface Mount Technology，SMT）封装，目前市面上采用表面贴装式较普遍。

决定封装形式的两个关键因素是封装效率和引脚数，目前常见的封装外形可分为以下几种：SOT（Small Outline Transistor，小外形晶体管封装）、SOIC（Small Outline IC，小外形 IC 封装）、TSSOP（Thin Small Shrink Outline Package，薄小外形封装）、QFN（Quad Flat No-lead Package，四方无引脚扁平封装）、QFP（Quad Flat Package，四方引脚扁平式封装）、BGA（Ball Grid Array Package，球栅阵列式封装）、CSP（Chip Scale Package，芯片尺寸级封装）等。

2.3　先进封装技术

随着芯片制程持续迭代和升级,制程工艺节点不断向更小尺寸推进,晶体管如栅极宽度的不断缩小,已逐渐逼近物理极限。如今,先进的半导体封装技术已成为提升产品价值、优化性能和降低成本的关键途径。

传统封装主要是以引线框架作为载体,采用引线键合互连的形式进行封装,包含DIP、SOP、SOT、DFN、CSP、BGA 等封装形式。与传统封装技术相比,目前先进封装技术是带有倒装芯片(Flip Chip)结构的封装 FC BGA、FC QFN、晶圆级封装(Wafer Level Package,WLP)、2.5D 封装、3D 封装等。

3D 封装,又称为叠层芯片封装技术,是一种在不改变封装体尺寸的前提下,在同一个封装体内于垂直方向叠放两种及以上芯片的封装技术。3D 封装技术的核心在于垂直互联技术,通过硅通孔(TSV)、微凸点(micro bump)和铜柱(cuPillar)等技术在垂直方向上实现芯片之间的紧密互连,提高了芯片的集成度,还优化了电气性能,降低了芯片功耗。

Chiplet 封装技术是通过将多个裸芯片(die to die)进行堆叠合封的先进封装,可以将单颗裸芯片面积缩小。Chiplet 采用先进封装方案,如系统级封装技术(SiP)、晶圆重布线技术(RDL)、晶圆凸点工艺(bumping)、扇入/扇出式封装(fan-in/out)等。

Chiplet 多应用在对制程工艺要求比较高的芯片上,如 CPU、GPU、DRAM、基带芯片等。Chiplet 技术为 3D 封装提供了更多的设计选择和灵活性,使得在一个封装体内集成多种功能的芯片成为可能。

通富微电与 AMD 公司合作紧密,在集成扇出封装、2.5D 封装、3D 封装等先进封装技术方面布局,利用次微米级硅中介层,以硅通孔将多芯片整合于单一封装,已实现7 nm 量产。

长电科技在 2018 年开始布局 Chiplet 技术,2022 年基于有机重布线堆叠中介层,突破 2.5D 大尺寸 FC BGA 技术,成为中国大陆首家加入 UCIe 产业联盟的封测厂商。在境外各种出口限制措施的大背景下,对于我国芯片产业而言,通过发展先进封装和Chiplet 技术,降低对芯片制程的依赖,可有望缩小与境外技术领域的差距,进而突破境外先进制程的限制。

先进封装能够提升芯片的集成密度与互联速度,使芯片性能更强,功能搭配更加灵活。总结几点先进封装技术的优势如下:

(1) 性能提升,通过三维封装,如 2.5D 封装、3D 封装等技术,可以实现芯片间的垂直互连,缩短信号传输距离,降低延迟,显著提升系统性能。

（2）功能集成，多芯片封装（SiP）、系统级封装（SoP）等解决方案允许将多个不同功能的芯片集成在一个封装体内，减少系统复杂性和板级空间占用，提高整体系统效率。

（3）成本优化，先进的封装技术可以在不改变工艺节点的前提下，通过优化封装设计和材料进一步降低成本。

（4）定制化服务，面对客户日益增长的定制化需求，封装供应商需要提供灵活多样的解决方案，以快速响应市场变化，满足不同应用场景的需求。

2.4　封测市场

芯片封测包括封装和测试两个环节。封装是保护芯片免受物理、化学等环境因素造成的损伤，增强芯片的散热性能，实现电气连接，保护电路正常工作；测试主要是对芯片产品的功能、性能进行测试。

全球知名封装测试厂包括日月光控股、安靠、长电科技、通富微电等。2022 年中国大陆有 4 家企业进入全球封测厂商前十名，分别为长电科技、通富微电、华天科技和智路封测，全年营收分列全球第 3、第 4、第 6 和第 7 位。2022 年，全球排名前十名的封测厂商见表 2-4 所示。

表 2-4　2022 年全球封测前十强排名表

2022 年排名	2021 年排名	公司	地区	2021 年营收/百万元	2022 年营收/百万元	YOY 年增长率/%	2021 年市占率/%	2022 年市占率/%
1	1	日月光控股（ASE）	中国台湾	77 240	85 489	10.68	26.90	27.11
2	2	安靠（Amkor）	美国	38 606	44 393	14.99	13.44	14.08
3	3	长电科技（JCET）	中国大陆	30 502	33 778	10.74	10.62	10.71
4	5	通富微电（TFME）	中国大陆	15 812	20 519	29.77	5.51	6.51
5	4	力成科技（PTI）	中国台湾	18 916	19 277	1.91	6.59	6.11
6	6	华天科技（HUATIIAN）	中国大陆	12 097	12 127	0.25	4.21	3.85
7	7	智路封测（WiseRoad）	中国大陆	9 146	10 968	19.92	3.19	3.48

续表

2022 年排名	2021 年排名	公司	地区	2021 年营收/百万元	2022 年营收/百万元	YOY 年增长率/%	2021 年市占率/%	2022 年市占率/%
8	8	京元电子（KYEC）	中国台湾	7 788	8 848	8.47	2.71	2.68
9	10	颀邦（Chipbond）	中国台湾	6 247	5 515	−11.72	2.18	1.75
10	9	南茂（ChipMos）	中国台湾	6 321	5 401	−14.55	2.20	1.71
前十大合计				222 675	246 315	10.44	77.55	77.98
其他				64 466	69 435	7.71	22.45	22.02
全球合计				287 141	315 750	9.82	100	100

数据来源：芯思想研究院 2023 年 1 月。

2.5 EDA 工具

电子设计自动化（Electronic Design Automation，EDA），是指利用计算机辅助设计（CAD）软件，来完成超大规模集成电路（VLSI）芯片的功能设计、综合、验证、物理设计（包括布局、布线、版图、设计规则检查等）等流程的设计方式。

在芯片设计的各个阶段都离不开 EDA 设计工具。EDA 软件行业流传着这么一句话：谁掌握了 EDA 的话语权，谁就掌握了集成电路的命门，谁就可以对芯片行业的后来者降维打击。

芯片设计可分为前端设计和后端设计，前端主要负责逻辑实现，后端和制程、工艺紧密结合。前端设计主要将 HDL 编码转化为门级网表，并进行一系列的仿真、验证，使门级电路图从规格、时序、功能上符合要求；后端设计主要是对门级电路图进行布局、布线，生成版图，同时对信号的完整性、版图的合规性、工艺要求等进行验证。每个阶段都需要一个到多个 EDA 工具去设计和验证。

EDA 工具按照功能和应用场合可分为电路设计与仿真工具、PCB 设计软件、IC 设计软件、PLD 设计工具以及其他 EDA 专用软件等。目前全球 EDA 产业主要由新思科技（Synopsys）、楷登电子（Cadence）和 2016 年被西门子收购的明导（Mentor Graphics）垄断，三大 EDA 企业占全球市场的份额超过 60%。其中，Synopsys 是全球最大的 EDA 企业，2020 年的市场份额已达到 32.1%；Cadence 仅次于 Synopsys，市场占有率为 29.1%；西门子收购 Mentor Graphics 后市场占有率约为 16.6%。

随着中国半导体市场的蓬勃发展,涌现出了一大批自主研发的 EDA 公司,以华大九天、概伦电子、芯华章、广立微、国微思尔芯、芯愿景、全芯制造、芯和半导体、蓝海微科技、苏州珂晶达等为代表。根据电子系统设计(ESD)联盟的数据,2021 年全球 EDA 市场规模为 132.75 亿美元,同比增长 15.77%,2020～2025 年年均复合增速为 14.71%。相比之下,国内 EDA 产业虽然近年来取得了显著进步,但我国本土的 EDA 厂商市占率仍然非常低,整体技术水平与国际领先企业仍存在一定差距。

2.6　半导体设备

半导体设备是半导体产业链中芯片设计、晶圆制造、封装测试的关键环节,半导体设备通常投资金额巨大、研发时间很长。常见的半导体生产设备可分为前道工艺设备和后道工艺设备两大类,主要包括扩散设备、光刻设备、刻蚀设备、薄膜沉积设备、清洗设备、离子注入设备、抛光设备、过程控制及检测设备、封装设备等。比如大家熟知的荷兰的阿斯麦,美国的应用材料、泛林半导体、科磊半导体,日本的东京电子等都是半导体设备的生产厂商。荷兰的阿斯麦在光刻机市场拥有超过 80% 以上的市场份额,在极紫外光领域处于全球垄断地位;美国的泛林半导体是全球领先的刻蚀设备龙头企业。按照我国半导体设备进口额排名,排在前四位的设备是:等离子干法刻蚀机,化学气相沉积设备,氧化、扩散、退火及其他热处理炉,光刻机。

随着我国集成电路产业的高速发展,以及国家战略的支持,国产半导体设备厂商在技术研发和市场拓展方面进步明显。在国产等离子干法刻蚀,化学气相薄膜沉积,氧化、扩散、退火热处理,湿法清洗,化学机械抛光等设备的关键技术上也取得了不断地突破和提升。比如中微半导体 12 in 刻蚀机已成功用于台积电 5 nm 先进制程生产线。

北方华创在刻蚀领域实现全覆盖,突破物理气相沉积(PVD)、化学气相沉积(CVD)、原子层沉积(ALD)等多项关键技术,工艺覆盖铜互连、硬掩膜、介质膜、TSV 薄膜等,外延设备实现 4～12 in 全覆盖。上海盛美半导体的清洗设备和电镀设备已进入国内多条生产线。华海清科的化学机械抛光(CMP)设备在逻辑、DRAM、3D NAND 芯片等领域达到 90% 以上工艺覆盖度,已实现 28 nm 制程所有工艺全覆盖,晶圆抛光减薄一体量产机已批量进入国内大生产线。中科飞测的产品线涵盖了晶圆检测设备、图形晶圆缺陷检测设备、三维形貌量测设备、薄膜膜厚量测设备和套刻精度量测设备等产品。芯源微的光刻工序涂胶显影设备与单片式湿法设备已作为主流机型应用于台积电、长电科技、华天科技、通富微电等国内一线大厂。

半导体设备各细分领域以及国内、外代表性主要厂商如表 2-5 所示。

表 2-5　半导体设备

设备种类	作用	国内厂商	国外厂商	具体应用
光刻机	光刻曝光	上海微电子、中国电科	阿斯麦、尼康、佳能	光刻本质就是把临时电路结构复制到硅片上，这些结构首先以圆形形式制作在光掩模板上，光源透过掩模板把图形转移到硅片表面的光刻胶薄膜上。光刻可分为涂覆、曝光和显影冲洗三步。
涂胶显影设备	涂胶显影	芯源微	东京电子、迪恩士	涂胶显影机利用机械手实现晶圆在各系统间的传输和加工，与光刻机达成完美配合从而完成晶圆的光刻涂覆、固化、显影等工艺过程。
去胶设备	去胶	屹唐半导体	比恩科、泛林半导体、日立高新	去胶即刻蚀或离子注入完成后去除残余光刻胶的过程。
离子注入设备	离子注入	凯世通、中科信	应用材料、亚舍立、住友重工	离子注入主要用于晶圆制造中的掺杂工艺，即将特定元素以离子形式加速到预定能量后注入至半导体材料中，改变其导电特性并最终制成包括晶体管在内的集成电路基本器件。
刻蚀设备	干法刻蚀	中微半导体、北方华创、屹唐半导体等	泛林半导体、东京电子、应用材料	离子注入完成后，要用刻蚀工艺去除多余的氧化膜。目前主流的刻蚀技术，利用反应气体与等离子体进行刻蚀。
	湿法刻蚀	芯源微、华林	泛林半导体、迪恩士	利用化学试剂与被刻蚀材料发生化学反应进行刻蚀
清洗设备	清洗	盛美半导体、北方华创、芯源微、至纯科技	迪恩士、东京电子、细美事、泛林半导体	清洗主要是为了去除芯片生产中产生的各种沾污杂质，是芯片制造中步骤最多的工艺，几乎贯穿整个作业流程。
薄膜沉积设备	CVD（化学气相沉积）	北方华创、中微公司、拓荆科技	应用材料、泛林半导体、东京电子	沉积主要作用于晶圆的表面，沉积硅、氮化硅、多晶硅等薄膜。芯片制造中试用的沉积类设备的种类包括氧化炉、化学气相沉积（CVD）、原子层沉积（ALD）和物理气相沉积（PVD）等。
	PVD（物理气相沉积）	北方华创	应用材料	
	ALD（原子层沉积）	北方华创、拓荆科技	ASMI、东京电子	

续表

设备种类	作用	国内厂商	国外厂商	具体应用
抛光设备		华海清科、北京烁科	应用材料	晶圆被切割过后的薄片被称为"裸片",裸片的表面还远远不能直接用来印刷由电路图形,因此,需要用化学-机械抛光法(CMP)进行反复多次地抛光。
检测设备	测试机	华峰测控、长川科技	泰瑞达、爱德万、科休	检测设备是检测芯片功能和性能的专用设备。芯片封装完成后,通过测试机和分选机的配合使用,对电路成品进行功能及稳定性测试,挑选出合格品。
	分选机	长川科技、金海通、上海中艺、精测电子	科休、科利登、爱德万	
	探针机	长川科技、中电科、华峰测控	东京精密、东京电子	

2.7　晶圆代工

　　整个 2022 年,中美国际局势关系持续紧张,能源和原材料成本上涨以及俄乌冲突的影响,晶圆代工也水涨船高。2023 年 2 月,芯思想研究院发布 2022 年全球专属晶圆代工情况,当中不包括三星、海力士、英特尔等 IDM 代工业务,其他 27 家全球专属晶圆代工企业的总营收额为 8066 亿元。其中全球前十大晶圆代工企业的总营收额占到所有 27 家代工企业总营收额的 94%,较 2021 年增长了 43%,增幅较大。

　　市场研究机构集邦咨询最新的报告显示,2023 年第三季度全球十大晶圆代工厂商的产值合计达 282.9 亿美元,环比增长 7.9%。其中,台积电以 57.9% 的份额排名第一,三星以 12.4% 的份额排名第二,格芯以 6.2% 的份额排名第三。紧随其后的分别是联电(6%)、中芯国际(5.4%)、华虹半导体(2.6%)、高塔半导体(1.2%)、世界先进(1.1%)、英特尔(1%)和力积电(1%)。

第二篇

电子元器件篇

每当集成电路技术进步一代，尺寸就缩小三分之一，对应整个集成度提高 4 倍。以 28 nm 技术为例，集成度相当于在指甲盖大小的面积上制造出 10 亿个以上的晶体管，其中每根导线相当于人体头发丝的三千分之一。更为先进的 14 nm 技术，则相当于在人体头发丝截面上制造出 50 万个以上的晶体管，其中每根导线相当于人体头发丝的五千分之一。

　　——中国半导体行业协会集成电路分会理事长　叶甜春

▶▶▶ 第三章

无源电子元器件

在电路的设计和应用中,一般把电子元器件分为无源器件和有源器件。无源器件指不需要外加电源或自身不消耗电能的电子元件,也叫被动电子元器件,主要包括电容、电阻、电感、滤波器、天线、谐振器等,其中以电阻、电容和电感元件最为常见,约占被动元器件产值的 90%。有源器件也叫主动电子元器件,指电路中能够执行运算、处理等功能,可以改变电路状态的电子元件,它们通常依靠外部电源工作。

根据电子元器件行业协会(ECIA)的统计数据,2022 年全球无源电子元器件产值约为 346 亿美元,其中电容、电阻和电感在无源电子元器件中产值占比最大,滤波器、天线等无源射频器件相对占比较小。无源电子元器件产品功能较为稳定,相对有源电子元器件迭代速度相对较慢,产品生命周期相对较长。

无源电子元器件是电子电路发展的基石,从历史发展周期来看,无源电子元器件行业在高速成长过程中带有阶段性的行业周期,比如 2018 年的行业缺货潮,2019 年的行业整体去库存阶段,2020 年下半年开始,随着新冠疫情的影响,新能源汽车电子等领域需求激增,产品又出现不同程度的行业周期变化。本章主要描述常见的无源电子元器件特性,例如电阻、电容和电感。

3.1　电阻

电阻(resistor),是一个限流元件。在电路图中用字母 R 表示电阻元件。其在电路中起到限流、分压、滤波、阻抗匹配、保护等作用,具有可靠度高、精度高且温度系数与阻值公差小等优点。

3.1.1　电阻的参数

电阻的主要特性参数有:

(1) 额定功率,电阻器长期工作所允许耗散的最大功率。电阻的额定功率系列为(W):1/20、1/10、1/8、1/4、1/2、1、2、5、10、25、50、100 等。

（2）标称阻值,电阻的标称阻值,单位为欧姆(Ω)。

（3）温度系数,温度每变化 1 ℃所引起的电阻值的相对变化量,单位为 ppm/℃ (1 ppm＝10^{-6})。温度系数越小,电阻的稳定性越好,阻值随温度系数增大而增大的是正温度系数,反之阻值随温度系数减小而减小的为负温度系数。

（4）老化系数,电阻在额定功率长期负荷下,阻值相对变化的百分数,是表示电阻器寿命长短的参数。

（5）电压系数,是指在规定的电压范围内,电压每变化 1 V,电阻值的相对变化量。

如图 3-1 所示电阻有多种多样的尺寸和封装类型,按形状划分,可分为引线型和表面贴装型。引线型电阻的两端都有引脚引出;贴片电阻的表面组装部件没有引脚,可以直接焊接到 PCB 印制电路板上。

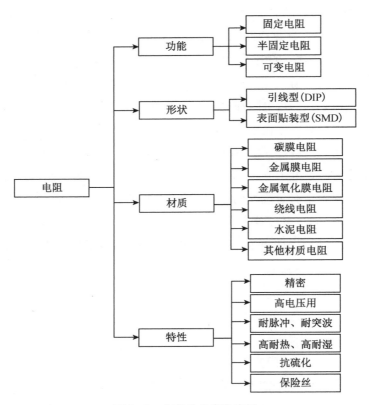

图 3-1　电阻的分类及应用

我们最常见的电阻有碳膜电阻、金属膜电阻、金属氧化膜电阻和水泥电阻。碳膜电阻是用有机黏合剂将碳墨和填充料配成悬浮液堆积于绝缘基体上,经加热聚合而成。碳膜电阻的阻值通常范围在几欧姆到几十兆欧姆之间,碳膜电阻的精度一般为 10％、5％、1％等,额定功率有 1/8 W、1/4 W、1/2 W、1 W、2 W、5 W 等多种规格,功率越大的碳膜电阻价格相对越高。

　　碳膜电阻按照封装形式可分为轴向引线式、插针式和贴片式等形式,相对于金属膜电阻,其具有精度高、性能稳定、成本低、阻值范围宽、温度系数和电压系数小等优点。

　　金属膜电阻通常采用高温真空镀膜技术,在陶瓷管架上将镍或铬合金紧密附在其表面,并在其表面涂上环氧树脂等密封保护材料制造而成。金属膜电阻比碳膜电阻的精度更高,且稳定性好、噪声低、高频特性好、温度系数小,允许的工作环境温度范围更大。金属膜电阻通常对容差有较高要求,容差值通常为 0.5%~2%,额定功率有 1/8 W、1/4 W、1/2 W、1 W、2 W 等多种规格,标称阻值在几瓦到几十兆瓦之间。由于它是引线式电阻,因此方便手工安装且维修方便,可用在大部分家用电器、仪器仪表、通信设备等精密仪器上。

　　金属氧化膜电阻是指在高温下利用真空镀膜或者阴极溅射工艺,将电阻材料(如镍铬合金、氧化锡)沉积在绝缘体表面,形成薄膜而构成的电阻。其优点是工艺简单、成本较低、高温下耐压稳定性好,缺点是精度不如金属膜电阻,如图 3-2 所示。

　　水泥电阻是一种将电阻线绕在无碱性耐热耐腐蚀瓷件上,外面采用耐火泥密闭灌封而成的电阻,电阻丝通常采用锰钢、镍铜等合金材料制成。其优点是绝缘性能好,绝缘电阻可高达几百兆欧姆,功率比较大,而且散热性能好,有很好的稳定性和过负载能力,若出现负载短路可以迅速熔断进行电路保护,阻燃和防暴特性好;缺点是体积比较大,发热严重,如图 3-3 所示。

图 3-2　金属氧化膜电阻

图 3-3　水泥电阻

3.1.2　电阻的标识

　　电阻元件的标准颜色编码由几条色带组成,并印在电阻外壳上,通常以四色环和五色环电阻为主。

　　(1) 直标法

　　将电阻的阻值和误差直接用数字和字母印在电阻上,也有厂家采用习惯标记法,如:5Ω1 表示电阻值为 5.1 Ω、允许误差为 ±10%,4k7 表示电阻值为 4.7 kΩ、允许误差为 ±5%。

　　(2) 色标法

　　将不同颜色的色环涂在电阻器上表示电阻的标称阻值及允许误差,各种颜色所对应的数值如表3-1所示。精密电阻大多为五色环电阻,即有五条色环,前三条色环表示有效数字,第四色环表示倍率,第五色环表示允许误差。例如色带为黄色、紫色、红色、红色、绿色的电阻阻值为 47.2 kΩ,容差为 0.5%。

表 3-1　五色环电阻的识别方法表

颜色	第一色环 数字	第二色环 数字	第三色环 数字	第四色环 倍率	第五色环 允许误差	温度系数 /(ppm/℃)	故障率
黑	0	0	0	1	—	250	
棕	1	1	1	10	1%	100	1
红	2	2	2	10^2	2%	50	0.1
橙	3	3	3	10^3	—	15	0.01
黄	4	4	4	10^4	—	25	0.001
绿	5	5	5	10^5	0.5%	20	
蓝	6	6	6	10^6	0.25%	10	
紫	7	7	7	10^7	0.1%	5	
灰	8	8	8	10^8	±0.05%	1	
白	9	9	9	10^9	—		
金	—	—	—	10^{-1}	±5%		
银	—	—	—	10^{-2}	±10%		

3.1.3　电阻的分类

（1）排阻

排阻是将若干个参数完全相同的电阻集中封装在一起,组合制成的。它们的一个引脚都连到一起,作为公共引脚,其余每个引脚都从电阻的一端单独引出。排阻集成了若干个单一电阻,内部可以串联,也可以并联,具有简化印制电路板设计,使焊接更加方便,减小设备体积等优点。且排阻具有方向性,与色环电阻相比其布局整齐、体积小。

（2）可变电阻

可变电阻是一种带有固定或可调旋钮的电阻。常见的可变电阻通常是由一条电阻线和一个电阻滑片组成,其工作原理是通过改变滑片的位置来改变接入电路的电阻丝长度,从而改变阻值。

（3）压敏电阻

压敏电阻(VDR)是一种非线性瞬态过电压保护器件(图3-4),

图 3-4　压敏电阻

其阻值与施加在其两端的电压大小相关,当加在压敏电阻上的电压低于它的阈值时,压敏电阻处于断开状态,几乎没有电流通过;当加在压敏电阻上的电压超过它的阈值时,压敏电阻击穿导通,相当于一个闭合状态的开关,其阻值快速下降。当电压减小至阈值电压以下时,其阻值又开始增加,压敏电阻又恢复为高阻状态。当压敏电阻两端电压超过其最大限制电压时,压敏电阻会被击穿损坏。

压敏电阻对过电压脉冲响应快,耐冲击电流强,漏电电流小至微安级别,因此被广泛应用于交直流电源、浪涌抑制器、电机保护等领域,常被用于过电压保护电路、防雷击保护电路以及浪涌电压吸收保护电路中。

（4）热敏电阻

热敏电阻(thermistor)是一种温度敏感性的半导体电阻(图 3-5)。当超过一定温度时,随着温度的升高,热敏电阻的阻值会增加或减小,可以具有正温度系数,也可以具有负温度系数。负温度系数热敏电阻(NTC thermistor)随温度的升高电阻值会减小,它是以锰、钴、镍和铜等金属氧化物为主要材料,采用陶瓷工艺制造而成的。NTC 的测量

图 3-5　热敏电阻

范围一般为 $-10\sim300\ ℃$,甚至可在 $300\sim1200\ ℃$ 环境中做测温用,NTC 热敏电阻广泛用于温度测量及温度补偿等方面。

正温度系数热敏电阻(PTC thermistor)随温度的升高电阻值会增加。其特点是:灵敏度较高、工作温度范围大、使用体积小、易于加工成复杂的形状、稳定性好、过载能力强。

（5）光敏电阻

光敏电阻的工作原理是基于内光电效应,即在硫化镉等半导体光敏材料的两端装上电极引线,将其封装在一个具有透光的密封壳体内。根据光敏电阻的吸收光谱特性,可分为紫外光敏电阻、红外光敏电阻、可见光光敏电阻等。

光敏电阻(LDR)的阻值会随着光强的增加而减小,常用于夜间照明路灯或与光强相关的应用中。

3.2　电容

电容(capacitor)是存储和释放电荷的器件,可以把它想象成一个蓄水池(图 3-6、图 3-7、表 3-2)。电容的基本单位是法拉(F),在电子电路中常用微法(μF)、纳法(nF)或皮法(pF)作为电容的计量单位。电容的大小取决于它所能存的电荷量的多少,也取决于电容对交流信号的响应快慢,电容的作用是调谐、旁路、耦合、滤波等。

图 3-6　直插铝电解电容

图 3-7　X2 安规电容

表 3-2　电容技术参数表

参数	参数说明
C	单位法拉,电容的标称值
ESR	等效串联电阻 理想值为 0;陶瓷电容具有最佳的 ESR(通常为 mΩ);钽电解电容的 ESR 为毫欧姆级;铝电解电容的 ESR 为欧姆级
ESL	等效串联电感 理想值为 0;ESL 的范围在 100 pH 至 10 nH 之间
Rp	并联泄露电阻(或称绝缘电阻) 理想值为无穷大;其范围可以从某些电解电容器的数十兆欧,至陶瓷电容器的几百兆欧姆级
电压额定值	可以施加在电容上的最大电压,超过这个值会损坏电容
电压系数	电容随施加电压的变化值,单位为 ppm/V,高压系数会引入失真 C0G 电容具有最低的系数 把电容用于信号处理(注入滤波)的应用中,电压系数最重要
温度系数	电容值在温度范围内的变化率,单位为 ppm/℃。理想情况下,温度系数为 0 最大指定漂移值通常在 10～100 ppm/℃的范围内

命名方式:国产电容的型号一般由四部分组成(不适用于压敏、可变、真空电容),依次分别代表产品的名称、材料、分类和序号(表 3-3)。第四部分产品序号用字母或数字表示(表 3-4)。

表 3-3　电容型号命名规则表

第一部分:名称	第二部分:材料		第三部分:分类	
C	A	钽电解	T	铁电
	B	聚苯乙烯等非极性薄膜	W	微调
	C	高频陶瓷	J	金属化
	D	铝电解	X	小型
	E	其他材料电解	S	独石
	G	合金电解	D	低压

续表

第一部分:名称	第二部分:材料		第三部分:分类	
	H	复合介质	M	密封
	I	玻璃釉		
	J	金属化纸		
	L	涤纶等极性有机薄膜		
C	N	铌电解		
	O	玻璃膜		
	Q	漆膜		
	T	低频陶瓷		
	V	云母纸		
	Y	云母		
	Z	纸介		

表 3-4 电容数字表

序号	瓷介	云母	有机	电解
1	圆形	非密封	非密封	箔式
2	管形	非密封	非密封	箔式
3	叠片	密封	密封	烧结粉
4	独石	密封	密封	烧结粉
5	穿心	—	穿心	—
6	支柱型	—	—	—
7	—	—	—	无极性
8	高压	高压	高压	高压
9	—	—	特殊	特殊

电容的分类如图 3-8 所示。

随着我国电容器行业的不断发展,国家有关部门陆续出台了一系列支持、规范电容器行业的相关政策,为我国电容器行业健康、持续发展提供了保障。

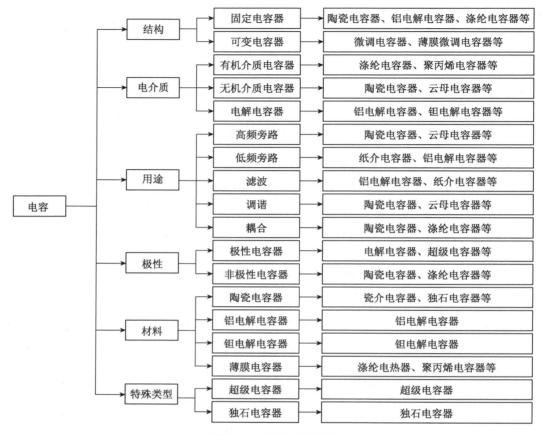

图 3-8　电容器的分类

3.2.1　铝电解电容

铝电解电容是指使用铝氧化膜作为电介质的电容,由电极箔、电解液、电解电容纸等材料组成,有正负极。铝电解电容按电解质的形态不同可分为液态铝电解电容和固体铝电解电容。液态铝电解电容按引出方式不同可分为引线式、焊片及焊针式、螺栓式三种。

铝电解电容的主要作用是通交流、阻直流,具有滤波、消振、谐振、旁路、耦合和快速充放电等功能。与其他电容相比,其具有比容大、耐压高、"自愈"特性、性价比高等特点。铝电解电容主要应用于消费电子、通信、汽车、新能源、工业自动化、光电、高速铁路及航空航天等多个行业,主要用于电源管理、滤波、去耦等关键电路,确保设备的稳定运行和性能优化。随着技术的不断进步和应用领域的不断拓展,铝电解电容的市场需求也将持续增长。

3.2.2　钽电解电容

钽电解电容使用钽金属作为介质,不需要像普通电解电容那样使用电解液,也不需要使用镀了铝膜的电容纸烧制。钽电解电容的电容量高、漏电流小、等效串联电阻低、高低温特性好、使用寿命长、电性能稳定、工作温度范围较大,是所有电容中体积小而又能达到较大电容量的产品。

钽电解电容主要有烧结型固体、箔形卷绕固体、烧结型液体三种,其中片式烧结钽电容为主流类型。钽电解电容的外形多种多样,并容易制成适于表面贴装的小型和片型元件,性能可靠。

从各类电容市场占比来看,陶瓷电容占比最高达56%,铝电解电容次之,占比达23%,钽电解电容占比为9%,位列第三。钽电解电容虽然成本较高导致市场份额小于其他两类电容,但在高可靠性以及高端电容领域,其拥有稳定的市场份额和性能优势。

3.2.3　陶瓷电容

陶瓷电容是以陶瓷材料为介质的电容的总称,是最主要的电容类型,具有体积小、高频特性好、寿命长、电压范围大等优势。陶瓷电容包括单层陶瓷电容、片式多层陶瓷电容(MLCC)和引线式多层陶瓷电容。按使用电压可分为低压、中压和高压陶瓷电容。按温度系数、介电常数不同可分为负温度系数、正温度系数、零温度系数、高介电常数、低介电常数5种陶瓷电容。

片式多层陶瓷电容器(Multi-Layer Ceramic Capacitors,MLCC)由内电极、陶瓷片和端电极三部分组成,利用的是平板电容原理,将陶瓷粉末压结成单个基片,在基片下面涂上电极层,形成平板电容。其介质材料与内电极以错位的方式堆叠,然后经过高温烧结成型,再在芯片的两端封上金属层,得到一个类似于独石的结构体。片式多层陶瓷电容具有容量范围大、等效电阻低、频率特性好、耐高温高压、体积小、成本低等优势,在消费电子、汽车电子、通信以及工业自动化、航空航天等领域得到广泛应用,在陶瓷电容中占比超90%。

按照温度特性、材质、生产工艺,MLCC可以分成如下几种:NPO、C0G、Y5V、Z5U、X7R、X5R等。NPO、C0G也被称为高频陶瓷电容,其介质损耗小,绝缘电阻高,电性能稳定,容量基本不随温度变化而改变,非常适合用于高频、高精度和高稳定性的电路中。X5R、X7R是用铁电陶瓷做介质的电容,其温度特性次于C0G,容量在不同的电压和频率条件下也有所不同,并且随着时间的变化而变化。

Y5V、Z5U也是铁电陶瓷介质电容,其容量和损耗对温度、电压很敏感,稳定性较差,但其等效串联电阻(ESR)和等效串联电感(ESL)低,具有良好的频率响应,介电系数大,适合做大容值电容,如用于电源滤波或去耦等。Z5U 电容器特点是小尺寸和低成本,尤其适合应用于去耦电路;Y5V 电容器温度特性最差,但容量大,可取代低容值铝电解电容器。

3.2.4　薄膜电容

薄膜电容是一种以聚合物薄膜为电介质的电容,是以金属箔为电极,和聚乙酯、聚丙烯、聚苯乙烯或聚碳酸酯等塑料薄膜从两端重叠后,卷绕成圆筒状构造而成的电容。根据塑料薄膜的种类其又被分别称为聚乙酯电容、聚丙烯电容、聚苯乙烯电容和聚碳酸酯电容。

相比于其他种类电容,薄膜电容具有优异的温度特性,其等效电阻低、功率损耗低、可承受较大的纹波电流。薄膜电容两端耐压能力强,耐高温能力强,能在 120℃ 下长期工作,故主要应用于其他种类电容无法覆盖的电压/电容范围以及高性能/高精度应用场景中。

新能源汽车的增加带动了薄膜电容的需求。薄膜电容可应用在新能源汽车的逆变器、车载充电机(OBC)、充电桩、开关电源上,其中逆变器与 OBC 为主要应用场景。

薄膜电容凭其自愈特性、耐压耐电流能力与低 ESR 性,有望广泛用于新能源汽车 800 V 高压架构中。耐压耐电流方面,薄膜电容单体电压最高可达 20 kV,在中高压变频应用中无须考虑串联、均压等连接问题。同时薄膜电容耐纹波电流能力可以达到同等容量铝电解电容额定纹波电流的十倍,甚至几十倍。稳定性方面,薄膜电容的 ESR 通常很低。较低的 ESR 一方面意味着更小的损耗,能输出足够的电流;另一方面能使开关管上的电压应力大大减小,有利于开关管工作的可靠性和稳定性。

薄膜电容主要应用在新能源、电网等领域,在家电、电子器件、照明市场等领域也有较为广泛的应用,其中高端薄膜电容产品基本以日系和欧盟厂商为主,如 TDK、尼吉康、松下、威世半导体等,几种电容的特性和应用对比如表 3-5 所示。

表 3-5　电容的特性和应用分类表

类别	钽电解电容	铝电解电容				陶瓷电容	薄膜电容
		液态	高分子固态				
			卷绕式	叠层片式			
电容量	0.1～1000 μF	1～100 000 μF	4.7～5600 μF	2.2～560 μF	0.3 pF～10 μF	0.3 pF～1 μF	
额定电压	6.3～100 V	4～800 V	2.5～200 V	2～25 V	10～4000 V	63～500 V	

续表

类别	钽电解电容	铝电解电容			陶瓷电容	薄膜电容
		液态	高分子固态			
			卷绕式	叠层片式		
频率范围	100 Hz～1 MHz	100 Hz～1 MHz			10 kHz～10 GHz	100 Hz～100 MHz
寿命	长	短			很长	很长
低 ESR 性	不太好	差			非常好	非常好
极性	有	有			无	无
优点	体积小、电容量大、电容量稳定、漏电损失小、频率特性好、受温度影响小、片式化技术和产品结构成熟度高	电容量大、体积小、成本低、电压范围大，在中高压大容量领域具有独特优势	体积小、高频特性好、电容量大、低 ESR、温度影响小、使用寿命长	体积小、高频特性好、电容量大、低 ESR、温度影响小、使用寿命长、易于片式化	体积小、介质损耗小、相对价格低、高频特性好、耐压高、易于片式化	绝缘阻抗高、频率特性好、耐压性能好、使用温度范围大、可靠性好、损耗低、阻抗低、耐压高、高频特性好
缺点	钽为资源性材料、易污染环境、生产量小、市场规模相对较小、单价高、有极性、耐电压和电流能力弱	易受温度影响、高频性差、等效串联电阻大、漏电流和介质损耗也较大、有极性			电容量小、易碎	耐热能力差、体积大、难以小型化、电容量小、易老化
应用	低频旁路、储能、电源滤波	低频旁路、电源滤波			高频旁路、噪声旁路、电源滤波、振荡电路、储能、微分、积分	滤波器、积分、振荡、定时、储能
下游领域	军工、消费电子、工业	消费电子、工业、通信、汽车			智能手机及通信设备、电脑及外部设备、汽车、家庭影音、工业及其他	工业、照明、汽车、消费电子

3.3 电感

电感(inductor)是能够把电能转化为磁能而存储起来的元件,其特性是"通直阻交",具有储能、滤波、振荡、耦合、延迟、陷波、筛选信号、过滤噪声、稳定电流及抑制电磁波干扰等作用,属于三大基础无源元件之一。电感的结构类似于变压器,但其只有一个绕组。电感一般由骨架、绕组、屏蔽罩、封装材料、磁芯或铁芯等组成。

根据工艺结构不同,电芯可分为绕线型、叠层型、薄膜型和一体成型等类型。其中绕线型电芯和叠层电芯为主流产品,一体成型电芯是将自动绕制的空心线圈植入特定模具并填充磁性粉体压铸而成的,属于绕线电芯的改良版本,特点是体积更小、工作电流更大、抗电磁干扰能力更强、阻抗更低,详细的对比如表 3-6 所示。

表 3-6 电感工艺和流程表

工艺	工艺流程	工艺特征	产品特点	产品图示
绕线型	采用绕线工艺,在磁芯上将铜线绕成螺旋状线圈	全自动绕线、焊接,对绕线机精度要求高	工序少、Q 值(品质因数)高,不易小型化	
叠层型	采用多层印刷技术和叠层生产工艺,在积层主体材料上交替印刷导电浆料,最后叠层、烧结成一体化结构	分为干式制程和湿式制程。干式:先激光打孔,再填充银浆,同时品质更好。湿式:厚膜印刷技术半堆叠,资本开支低,同时品质相对较低	更容易实现小型化,Q 值比绕线型小	
薄膜型	采用薄膜工艺,在基板上镀一层导体膜,采用光刻工艺形成薄膜线圈	需要使用光刻技术,资本开支高	精度更高,目前工艺主要由日本的村田公司掌握,用于 01005 型产品	
一体成型	将自动绕制的空心线圈植入特定模具并填充磁性粉体压铸而成	磁性粉末配方需要精密设计,高温高压注塑成型	属于绕线型的改良版本,大电流、抗干扰,有一定专利壁垒	

当前,全球电感市场主要由日系厂商主导,占据全球 40% 以上的市场份额。未来几年,伴随新能源汽车、消费电子、5G 通信、物联网、智慧城市等产业的快速发展,全球电感市场将稳健增长。

3.4　晶体及晶振

晶振(oscillator)又称为晶体振荡器,是有源晶振的简称;晶体(crystal)又称为谐振器,是无源晶振的简称。晶振是一种利用石英晶体的压电效应制成的具有稳定频率或可变频率的电子元器件。晶振内部由石英晶体和振荡电路组成,石英晶体具有压电效应,是晶振的核心,它是由硅酸盐等无机材料经过高温熔融后形成的晶体。振荡电路是由电容、电阻等元器件组成的电路,它可用来控制和调整石英晶体的振荡频率。

按照是否供电可分为有源晶振和无源晶振两种。无源晶振或无源晶体通常为两脚直插封装,无源晶振本身不能直接输出正弦波或方波信号,需要借助负载电容形成的时钟电路才能产生振荡信号,输出正弦波信号。常见的封装有 49U、49S 封装。有源晶振通常在内部集成时钟电路,可以直接产生输出方波信号,具有稳定且精确的频率和幅度。方波信号的频率由石英晶体的谐振频率决定,通常在几赫兹到几十兆赫范围。有源晶振封装通常是四脚或六脚表贴的封装,常见的有 7050、5032、3225、2520 等几种封装形式。MEMS 硅晶振是一种以硅为原材料制成的特殊的晶振,与石英晶振相比,其在性能和成本等方面有明显的优势。

晶体振荡器按照功能可以分为石英振荡器(SPXO)、温度补偿石英振荡器(TCXO)、电压控制石英振荡器(VCXO)、恒温槽式石英振荡器(OCXO)等。石英振荡器(SPXO)的频率稳定度依靠石英振荡晶体本身的稳定性,不需要温度控制及温度补偿。温度补偿石英振荡器(TCXO)为了降低环境温度变化等对频率的影响,振荡器本身增加了温度补偿回路。电压控制石英振荡器(VCXO)是需要控制外来的电压,使输出频率能够变化或调变。恒温槽式石英振荡器(OCXO)通过恒温槽保持石英振荡器或石英振荡晶体在一定温度,控制其输出频率在周围温度下也能保持极小变化量。

不同晶振会产生不同的固有频率,如我们经常提到的 16 MHz、25 MHz 等频率,但在实时时钟(RTC)电路中,晶振的标称频率一般是 32.768 kHz,大家知道为什么不是整数而是这么奇怪的数字吗? 32768 是怎么来的呢?

2 的 15 次方等于 32768。32.768 kHz(即 32768 Hz)时钟经过 15 次 2 分频之后就能产生频率为 1 Hz 的信号,刚好是秒脉冲信号,然后通过记数这个秒脉冲信号和我们设置的初始时间,就能知道当前的时间和日期。

晶振需要提供稳定的时钟信号,不能有谐波信号或干扰信号,在 PCB 布线的时候要注意时钟信号走线尽量短,晶振下方不能布信号线等。晶振的关键参数有如下几个。

(1) 标称频率:指晶体元件规范中所指定的频率,也即用户在电路设计和元件选购时所希望获得的理想工作频率。晶振常用的标称频率在 $1\sim200$ MHz 之间,更高的输出频率一般是用锁相环将低频信号倍频所得。

(2) 调整频差:基准温度时,工作频率相对于标称频率的最大允许偏离值,常用 ppm($1/10^6$) 表示。

(3) 温度频差:在整个温度范围内,工作频率相对于基准温度时工作频率的允许偏离值,常用 ppm($1/10^6$) 表示。

(4) 老化率:指在规定条件下,时间所引起的频率漂移。

(5) 谐振电阻(R_r):晶体在谐振频率下的电阻值,单位为欧姆。

(6) 负载谐振电阻(R_L):指晶体元件与规定的外部电容相串联,在负载谐振频率时的电阻。

(7) 负载电容(C_L):与晶体元件一起决定负载谐振频率的有效外界电容。

(8) 品质因数(Q):又称机械 Q 值,它是反映谐振器性能好坏的重要参数,Q 值越大,频率越稳定。

全球石英晶振竞争激烈,而且由日本和欧美企业占据主导地位,全球前五大晶体厂商 TXC、Epson、NDK、KCD、KDS 占据全球接近半数的市场份额。我国的晶振国产化率比较低,目前国产晶振的代表企业主要有泰晶科技、鸿星电子、惠伦晶体等。

3.5　滤波器

从日常生活中的调频广播、智能手机到 GPS 定位以及雷达系统等,无线电技术应用无处不在。一部智能手机可能涉及多达 17 个射频频段信号收发滤波,包括从 2G 的 GSM、3G 的 WCDMA,到 4G 的 LTE,再到 5G 的 NR 频段,Wi-Fi、蓝牙和 GPS 等信号接收。滤波器用于选择性地滤除或传递特定的频率段,解决所有频段带来的干扰问题,没有滤波器就会出现噪声,出现信号交替堵塞,影响手机的通话质量。

滤波器是射频前端芯片中价值相对比较高的细分领域。滤波器的分类有很多,按照传递函数可分为:椭圆函数型滤波器、切比雪夫型滤波器、巴特沃斯型滤波器、准椭圆函数型滤波器等;按照滤波功能可分为高通滤波器、带通滤波器、带阻滤波器、低通滤波器等;按照实现结构可分为阶跃阻抗型滤波器、开口环型滤波器、发夹型滤波器、糖葫芦型滤波器等;按照制造材料可分为介质滤波器、腔体滤波器、声表面滤波器(SAW)、体表滤波器(BAW)等。

如何确保我们接收的通信信号准确并清晰不失真,射频信号应用里面 SAW 滤波器至关重要。SAW 滤波器是一种利用声表波技术实现信号滤波的器件,它基于压电晶体特性,通过晶体表面传播的声表波来实现信号的频率选择和滤波。SAW 滤波器具有很高的品质因数,可以实现较窄的带通和带阻信号滤波特性。但是 SAW 器件易受温度变化的影响,温度升高时,其基片材料的刚度趋于变小,声速降低。

SAW 滤波器又分为普通声表面滤波器(SAW)、温度补偿声表面滤波器(TC-SAW)和薄膜声表面滤波器(TF-SAW),其中普通 SAW 覆盖了接收端频段和部分发射端中低频段;TC-SAW 覆盖了发射端高中低频段,但在部分频段性能低于 BAW;TF-SAW 在高频段的性能目前可与 BAW 匹配。

BAW 滤波器的工作原理为声波沿着滤波器内垂直传播,采用石英晶体作为基板,上下两个电极施加周期电压时,压电层在面外方向产生周期性伸缩,形成体声波,声波在压电层内震荡形成驻波。BAW 滤波器虽然成本高于 SAW 滤波器,但是它在温度敏感性、插入损耗特性和频率等性能方面显著优于 SAW 滤波器。SAW 滤波器更多应用在 4 GHz 频段领域,BAW 滤波器最高可适用于 6 GHz 频段领域。BAW 滤波器分为固体装体表滤波器(BAW-SMR)、薄膜体声波滤波器(FBAR)和横向激励体声波滤波器(XBAR)等,这些滤波器在封装形式、衬底原材料、温度敏感性、适用场景等方面均有不同。

滤波器细分产品种类繁多,技术壁垒较高。滤波器市场主要被美、日厂商占据,根据 2020 年前瞻产业研究院数据,SAW 滤波器厂商主要有村田、东京电子、太阳诱电、思佳讯和威讯,前五家企业占据了 90% 以上的市场份额。BAW 滤波器前三家厂商博通、威讯和太阳诱电占据了超过 98% 的市场份额,国内主要滤波器公司有卓胜微、麦捷科技等。

3.6　天线

无线电波是一种能量传输形式,在传输过程中,电场和磁场在空间中交替变换,且方向始终垂直于传播方向。1865 年,英国物理学家麦克斯韦在《电磁场的动力学理论》中阐明了电磁波传播的理论基础,1888 年德国物理学家赫兹发表《论动电效应的传播速度》,验证了麦克斯韦的电磁场理论,开创了无线电技术的新纪元。

无线电技术是通过无线电波传播信号的技术,其原理是导体中电流强弱的改变会产生无线电波,利用这一现象,通过调制可将信息加载于无线电波之上。当无线电波通过空间传播到达接收端,无线电波引起的电磁场变化会在导体中产生电流,通过解调将信息从电流变化中提取出来,就达到了信息传递的目的。

通信系统的构成从原理上可以理解为由发射系统、传输系统和接收系统三个基本部分组成。天线的功能就是定向辐射或接收无线电波信号,是无线通信系统的必需组成部分。发射天线的功能是将发射系统中的高频电磁能转换成电磁波辐射到自由空间中，接收天线的功能是将自由空间中传来的电磁波信号转换成高频电磁能送给接收系统。天线是无源器件，不能产生能量，天线增益是天线技术中的一个重要参数，它定量地描述了天线将输入功率集中辐射到特定方向上的能力。

天线的种类繁多，以供不同频率、不同用途、不同场合、不同要求等情况下使用，详细的射频频段及天线应用如表 3-7 所示。天线的主要性能包括谐振频率、辐射方向图、衰减系数、工作频率、增益、输入阻抗、辐射效率、极化和带宽等。

表 3-7　射频频率划分及天线应用表

频率范围	波长	名称	简称	应用
3～30 kHz	10～100 km	超长波天线	甚低频（VLF）	电话、长距离导航
30～300 kHz	1～10 km	长波天线	低频（LF）	导航、电力线通信
300 kHz～3 MHz	100 m～1 km	中波天线	中频（MF）	调幅广播
3～30 MHz	10～100 m	短波天线	高频（HF）	短波广播、军用通信
30～300 MHz	1～10 m	超短波天线	甚高频（VHF）	电视、调频广播、车辆通信
300 MHz～3 GHz	10～100 cm		特高频（UHF）	空间遥测、雷达导航、移动通信
3～30 GHz	1～10 cm	微波天线	超高频（SHF）	雷达、卫星和空间通信
30～300 GHz	1～10 mm		极高频（EHF）	雷达、微波通信

天线按照用途可分为基站天线、广播和电视天线、雷达天线、导航和测向天线、车载天线等。按照波长可分为超长波天线、长波天线、中波天线、短波天线、超短波天线以及微波天线。按照天线辐射方向性可分为全向天线、定向天线。定向天线主要用于指向性通信，如卫星和空间通信、雷达等；全向天线则用于无线通信场景中的电视调频广播、移动通信、车载通信等应用。

3.7　本章小结

本章重点介绍了几种主要的无源线性电子元器件：电阻、电容、电感、滤波器以及天线等。其中电阻和电容是低压电路中应用最常见的电器元件，电感和滤波器会抑制射频干扰信号，射频滤波器是消除频带间相互干扰的关键射频器件，从而提高信号的抗干扰能力和信噪比。电阻、电容和电感都有很多尺寸和封装，大家可以在后续的应用中去识别和使用。

3.8　思维拓展

电容的发明

电容的发展最早可以追溯到 18 世纪初，当时的科学家开始探索电学现象和电荷存储的可能性。

1745 年，普鲁士的主教克拉斯特设计了一个内外层均镀有金属膜的玻璃瓶，玻璃瓶内有一金属杆，一端和内层的金属膜连接，另一端则连接一个金属球体。借由在两层金属膜中利用玻璃作为绝缘的方式，让电荷能够有效地积累和储存。

1746 年 1 月，荷兰莱顿大学教授马森布鲁克在克拉斯特的启发下也独立发明了构造非常类似的电容器，后来被命名为可以收集电荷的莱顿瓶。他在一个玻璃瓶内装上水，把起电机产生的电经一根黄铜导线导入玻璃瓶内。当他试图用手接近导线以引出火花时，突然感到被电击。这次实验使他确信带水的玻璃瓶能够保存电，但是当时搞不清楚电荷是被保存在瓶子里还是瓶中的水里。由于马森布鲁克当时在莱顿大学任教，因此将其命名为莱顿瓶。

后来美国科学家富兰克林研究莱顿瓶，证明其电荷储存在玻璃上，并非储存在莱顿瓶中的水里，这一发现不仅纠正了人们的误解，而且推动了电容研究的深度。在现代社会中，电容的应用广泛且多样，它不仅可以作为储能元件，用于储备脉冲电荷以保证电器的稳态工作，还可以与电阻、电感等其他电子元器件组合，构成滤波器、调谐电路等。

>>> **第四章**

数字类芯片

数字类芯片在处理离散数字信号方面发挥着核心作用,它们以二进制 0 和 1 为逻辑关系,来执行各种复杂的计算和控制任务。这些芯片可以进一步细分为两大类:逻辑类芯片和存储类芯片,每类都有其特定的功能和用途。

逻辑类芯片,主要执行逻辑运算和处理功能。它们内部集成了大量的逻辑门电路(如与门、或门、非门等),通过这些逻辑门电路的组合,可以实现复杂的逻辑功能。逻辑类芯片广泛应用于各种计算和控制系统中,以实现数据的处理、转换和决策等功能。常见的有中央处理器(CPU)、图像处理(GPU)、现场可编程逻辑门阵列(FPGA)、复杂可编程逻辑器件(CPLD)、数字信号处理器(DSP)以及专用处理器芯片(ASIC)、微控制单元(MCU)等。

存储类芯片主要负责数据的存储和检索,包括随机存取存储器(RAM)、只读存储器(ROM)、闪存(flash memory)等类型。这些芯片为逻辑芯片提供了必要的数据存储和交换能力,使得计算机系统能够高效地运行各种程序和应用。另外本章还介绍了具有集成功能的各种无线通信模组和模块。

4.1 中央处理器

1971 年,英特尔公司推出世界第一台微处理 4004,它是第一个拥有 2300 个晶体管的 4 位处理器。1974 年,美国 IBM 公司提出了精简指令集(RISC)架构,其主旨是通过简化指令集来提高 CPU 的执行速度和效率。相对于另一种复杂指令集(CISC)架构,精简指令集的架构更加简单,硬件实现更加高效,流水线处理的方式速度更快,寄存器使用更加优化。1978 年,英特尔首次提出 x86 架构的基于 16 位处理器的 8086 CPU,1985 年又推出了基于 32 位处理器的 80386 CPU,英特尔 Core i3、Core i5 和 Core i7 处理器系列,是当前 PC 市场中的主流处理器产品。这些处理器都基于英特尔的 x86 架构,并不断通过技术创新和架构扩展来提升 CPU 性能,满足用户对更高计算性能、更低能耗以及更先进功能的需求。例如英特尔 2008 年推出的酷睿(Core i7)是 64 位四核

CPU,采用了 45 nm 制程工艺 x86 指令集。

芯片的指令集可分为 CISC 和 RISC 架构。x86 架构是可变指令长度的复杂指令集计算机(Complex Instruction Set Computer,CISC)架构,即复杂计算机指令集,一条指令完成一个复杂的基本功能,硬件的逻辑复杂,晶体管数量庞大,更适用于计算密集型的桌面和服务器应用。RISC 简化指令集功能,并采用统一的指令长度和操作格式,支持少量的寻址方式,简化指令译码,减少指令执行时间,使编译器优化代码更加容易。CISC 指令能力强,架构广泛应用于 PC、服务器等领域,全球超过 90% 的服务器使用x86 架构。按 CPU 的路数划分,服务器可分为单路、双路、四路、八路服务器等,随着路数的增加性能也随之提升。一般来说,单路、双路的 x86 架构服务器属于中低端通用产品,四路及以上的 x86 架构服务器与非 x86 架构的小型机、大型机属于高端产品。

1981 年,斯坦福大学发布了无内部互锁流水级微处理器(Microprocessors Without Interlocked Pipeline Stages,MIPS),并在 1985 年发布了第一个 32 位微处理器 R2000。MIPS 架构有 32 位和 64 位两种,是一种简洁、优化、具有高度扩展性的 RISC 架构。MIPS 指令集设计相对简单,指令的译码和执行更加高效,处理器在执行任务时功耗低,在嵌入式系统、路由器、视频游戏控制器等低功耗领域更具优势,不同指令及对比见表 4-1。

表 4-1　芯片指令集架构对比表

项目	复杂指令集(CISC)	精简指令集(RISC)		
主要架构	x86	ARM	MIPS	Alpha
架构特征	1.单核能力强,指令集功能复杂,寻址方式多; 2.一部分指令集需要多个机器周期完成; 3.复杂指令采用微程序实现; 4.系统兼容能力强	1.指令长度固定,易译码执行; 2.大部分指令可以条件式地执行; 3.算数指令只会在有要求时更改条件编码	1.采用 32 位指令集,采用定长编码指令集和流水线指令,采用 32 位寄存器,指令可在一个周期内执行; 2.具有高性能高速缓冲能力,且内存管理相对灵活	1.采用 32 位定长指令集,使用低字节寄存器占用内存地址线; 2.分支指令无延迟,使用无条件分支码寄存器
架构优势	兼容性强,配套软件及工具成熟,功能强大、高效,使用主存储器,在处理复杂指令方面有较大优势	功耗低、体积小,在对功耗和尺寸要求比较高的消费电子及移动终端应用较广	设计简单、功耗低,在嵌入式应用场景具有优势	结构简单,易于实现高主频计算
应用领域	PC、服务器、工作站	消费电子等	工控、汽车电子、消费电子等	嵌入式设备、服务器等
代表厂商	英特尔、AMD、海光、兆芯	鲲鹏、飞腾	龙芯	申威

前面重点介绍了 RISC、CISC 指令集,在 CPU 架构选择上,以上几种指令集各有优缺点,需要根据具体的应用需求、性能指标、功耗等因素来选择合适的指令集架构。

中央处理器(Central Processing Unit,CPU)作为计算机系统的运算和控制核心,是信息处理、程序运行的最终执行单元。CPU 的工作一共分为取指令、指令译码、执行指令、访存取数和结果写回 5 个阶段。

中央处理器的核心部分由运算器和控制器组成。运算器指计算机中进行各种算术和逻辑运算操作的部件,其中算术逻辑单元是中央处理器的核心部分;控制器指按照预定顺序改变主电路或控制电路的接线,通过改变电路中电阻值来控制电动机的启动、调速、制动与反向的指令装置。

CPU 被广泛应用于桌面和服务器领域,如计算机系统控制、个人 PC 处理器、嵌入式设备、移动终端以及数据终端服务器等领域。全球 CPU 的代表企业有英特尔和超威半导体(AMD)公司,国产 CPU 芯片代表企业有龙芯中科、飞腾信息、华为海思、海光信息和上海兆芯等,在现阶段国产的 CPU 市场占有率还很低。

4.2　图形处理器

图形处理器(Graphics Processing Unit,GPU),可根据给定的数学计算执行图形和成像任务。GPU 的并行处理能力强,它有更多的核心和线程,可以同时处理多个数据和指令,因此它在处理大量的图像和图形数据时速度更快。

GPU 采用了数量众多的计算单元和超长的流水线,但其只有简单的控制逻辑并省去了高速缓存空间。GPU 按接入方式分类,可分为独立 GPU 和集成 GPU;按应用场景分类,可分为训练 GPU 和推理 GPU;按使用终端分类,可分为 PC GPU、服务器 GPU 和移动端 GPU。

创立于 1993 年的英伟达是专注于 GPU 计算的先驱者,于 1999 年推出 Ge-Force 256 芯片,并首次定义了 GPU 的概念,随后创新性地提出 CUDA 架构,并推动了 PC 游戏市场的发展。在国际独立 GPU 市场上,英伟达和超威半导体几乎占据了 99% 的市场份额。国内 GPU 设计企业有华为海思、摩尔线程、景嘉微、昆仑、壁仞科技、芯原股份、寒武纪、兆芯等。

GPU 在视频编辑过程中也很重要,因为它允许人们在不影响其他计算机进程的情况下处理复杂的动画。与 CPU 相比,GPU 的功耗相对较低,一般在 50 W 左右,而 CPU 的功耗相对较高,一般在 95 W 左右。因此,GPU 的发热量也相对较小,而 CPU 则需要更好的散热系统来保持稳定运行。

4.3　微控制单元

微控制单元(Microcontroller Unit,MCU),又称单片微型计算机(Single Chip Microcomputer)或者单片机。MCU 内部主要由三部分组成,包括中央处理器(Central Process Unit,CPU)、存储器(Memory),以及其他外围电路,如计数器(timer)、CAN、USB、ADC 转换、UART、PLC、DMA 等周边接口,整合在单一芯片上从而形成芯片级的计算机。

(1)中央处理单元包括运算器、控制器和寄存器组,由运算部件和控制部件两大部分组成。其中,运算部件能完成数据的算术逻辑运算、位变量处理和数据传送操作;而控制部件是按一定时序协调工作,用于分析和执行指令。

(2)存储器包括程序存储器(ROM)和数据存储器(RAM)。ROM 用来存放程序,存储数据掉电后不消失。RAM 用来存放数据,也被称为主存,可在程序运行过程中随时读写数据,存储数据在掉电后不能保持。

(3)外围功能电路主要包括 UART 接口、I/O 接口、内部电路含端口锁存器、输出驱动器和输入缓冲器等电路。除数字 I/O 端口外,还有 ADC 模拟量输入、输出端口,输入信号经内部模数转换电路,变换为数字信号,再进行处理;对输出模拟量信号,则先经数模转换后,再输出至外部电路。

MCU 产品类型众多,涉及内核、主频、模拟功能、封装、通信接口、储存类型等不同功能和类型,主要按照指令集、位数、存储器结构和应用领域四个标准进行分类。

4.3.1　按照指令集分类

MCU 按照指令集可以分为精简指令集架构(RISC)和复杂指令集架构(CISC)两类。其中 ARM、MIPS、RISC-V 等程序架构属于精简指令集架构,PowerPC 是一种复杂的指令集架构,这些架构各具特点,并在不同的应用领域中发挥着重要作用。

ARM 架构是当前 MCU 的主流架构,ARM Cortex 包括 Cortex-A 系列、Cortex-R 系列和 Cortex-M 系列三大类。

Cortex-A 系列,被广泛应用于移动设备、消费电子、网络通信、车载信息娱乐以及工控系统等,如笔记本电脑处理器的 Cortex-A75、Cortex-A76 等。

Cortex-R 系列,具有高可靠性,高安全性的特点,主要用于医疗、航空航天等领域。

Cortex-M 系列,具有指令执行速度快、寻址方式灵活简单、执行效率高、指令长度固定等特点,主要为高效率、一款易于使用的智能嵌入式应用。其中 ARM Cortex-M 系列市场占比过半,比如低功耗的 M0 系列、M23 系列;具有出色的 32 位性能和低动态功耗,中高端功能 M3 系列、M33 系列以及 M35P 系列;以及配置 64 位指令和数据总线的高性能 M7 系列等。

MIPS 指令集固定长度,执行效率高,也是一种经典的 RISC 架构,适用于需要高性能计算的应用场景。

RISC-V 指令是开源的精简指令集架构,RISC-V 芯片和软件的设计、制造和销售不受限制,在提升芯片性能和降低功耗方面更加容易。目前恩智浦、瑞萨、微芯、兆易创新、乐鑫科技等企业均推出了 RISC-V 架构的 MCU,不过因为生态等因素影响,RISC-V 市场份额还不高。

PowerPC 最初是由 IBM、苹果和摩托罗拉共同开发的,它结合了 RISC 架构的高性能和 CISC 架构的灵活性。

1971 年,英特尔成功研制出世界上第一个 4 位 MCU 处理器 Intel 4004,这是一款具有划时代意义的 4 位微控制器单元。进入 20 世纪 90 年代之后,爱特梅尔研发出了基于哈佛架构的 AVR 单片机。其他处理器公司陆续推出了不同的产品,如瑞萨自有的瑞萨内核单片机,微芯公司的 PIC 系列、赛普拉斯的 PSoC、前飞思卡尔的 HC05 和 HC08 系列、摩托罗拉的 MC68HC 系列、德州仪器的 MSP430 系列等。进入 20 世纪之后,ARM 架构因其标准化、代码兼容性和软件兼容性等优势逐渐成为 32 位微控制器的主流。

4.3.2　按照位数分类

MCU 的位数是指每次 CPU 处理的二进制数的位数,位数越多,数据的有效数越多,数据处理的精确度越高。MCU 按总线或数据处理位数可分为 4 位、8 位、16 位、32 位、64 位 MCU。

4.3.3　按照存储器结构分类

MCU 按照存储器结构通常被分为冯·诺依曼结构和哈佛结构两种。

(1)冯·诺依曼结构:又被称为普林斯顿体系结构,其最大的特点是将程序存储器和数据存储器合并在一起,使用同一个存储器,经由同一个总线传输。由于取指令和存取数据要从同一个存储空间存取,并经同一总线传输,无法重叠执行,因此影响了数据处理速度的提高。

(2)哈佛结构:与冯·诺依曼结构的区别是其将程序指令存储和数据存储分开,数据和指令的储存可以同时进行,可以使指令和数据有不同的数据宽度,并且各自有自己的总线,适合于数字信号处理。

4.3.4　按照应用领域分类

MCU 市场应用领域广泛且多样化,涵盖了消费电子、汽车电子、工业自动化、通信设备以及航空航天等多个领域,MCU 产品集中会向着以下几个方向发展:

(1) 更强大的处理性能:MCU 朝着 600 MHz 主频甚至更高频率,单核、双核或更多处理器内核发展;(2) 拥有更多无线连接功能,集成更多射频模块;(3) 更高的能效比,如集成更多模拟芯片功能,拥有极低功耗模拟外设;(4) 具有硬件加速器的持续加持,算法与工具的高度集成;(5) 跟进可靠的安全性:提高抗干扰能力以及安全性和加密功能;(6) 更高的性价比。

根据 IC Insights 统计,2021 年全球 MCU 出货量为 309 亿颗,市场规模为 196 亿美元。预计到 2026 年,全球 MCU 的出货量将达到 358 亿颗,市场规模将达到 272 亿美元,2021~2026 年 CAGR 为 6.7%。

预计未来 5 年,4/8 位 MCU 的销售额增长较小,32 位 MCU 的销售额复合增长率较大,尤其是在汽车电子方面的应用有所增加。新能源汽车的 MCU 比传统燃油车的功能有所增加,如动力电池管理、车身控制、智能座舱、汽车三电、高级驾驶辅助系统等应用,都大大地增加了 MCU 的用量。

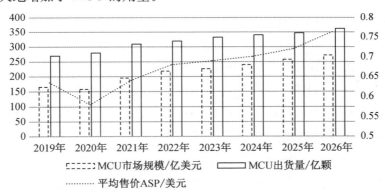

图 4-1　2019~2026 年全球 MCU 市场规模及预测情况

4.4　数字信号处理器

数字信号处理器(Digital Signal Processor, DSP)是一种专门设计用于高效执行数字信号处理算法(如滤波、傅里叶变换、卷积等)的芯片。DSP 芯片能够迅速处理大量的数字信号数据,从而在音频处理、图像处理、视频处理、控制系统等领域得到广泛应用。其特点为:在一个指令周期内可完成一次乘法和一次加法;芯片内部采用程序和数据空间分开的哈佛结构,具有专门的硬件乘法器,可以同时访问指令和数据;片内具有快速 RAM,通常可通过独立的数据总线在两块中同时访问;具有低开销或无开销循环及跳转的硬件支持;能够快速地中断处理和获得硬件 I/O 支持;具有在单周期内操作的多个硬件地址产生器;可以并行执行多个操作;支持流水线操作,使得取指、译码和执行等操作可以重叠执行。

DSP 芯片按基础特性分类,可分为静态 DSP 芯片和一致性 DSP 芯片;按数据格式分类,可分为定点 DSP 芯片和浮点 DSP 芯片;按用途分类,可分为通用型 DSP 芯片和专用型 DSP 芯片。

DSP 的优点为集成性好、稳定性高、精度高、编程方便、嵌入性好、接口和集成方便等;DSP 的缺点为成本较高、高频时钟的高频干扰较大、功率消耗较大等。

目前主要的 DSP 厂商如 TI、亚德诺半导体(ADI)、NXP 等处于高度垄断地位,国产的 DSP 占比非常低。据华西证券研究所对 DSP 市场行情的统计分析:在 2020 年,我国 DSP 芯片市场用量大概是 34 亿颗,销售额达到 136.92 亿元。DSP 现已广泛应用于数字控制、通信、运动控制、仪器仪表等领域。随着 DSP 芯片下游行业的快速发展,DSP 芯片的需求量将增长迅速。

4.5　现场可编程逻辑门阵列

现场可编程逻辑门阵列(Field Programmable Gate Array,FPGA)是在可编程阵列逻辑(PAL)、通用阵列逻辑(GAL)等可编程器件的基础上进一步发展的产物,是逻辑芯片的一个种类,通常由可编程的逻辑单元(LC)、输入/输出单元(I/O)和开关连线阵列(SB)三种功能单元构成。相比于 CPU、GPU、ASIC,FPGA 拥有软件的可编程性和灵活性,以及硬件的并行性和低延时性,是专用集成电路(ASIC)领域中的一种半定制电路,既解决了定制电路的不足,又克服了原有可编程器件门电路数有限的缺点。

FPGA 芯片具有典型的硬件逻辑,其优点是由逻辑单元、RAM、乘法器等硬件资源组成,每个逻辑单元与周围逻辑单元的连接构造在烧写时就已经确定,寄存器和片上内存属于各自的控制逻辑,通过对这些硬件资源的合理组织,可实现乘法器、寄存器、地址发生器等硬件电路,无须通过指令译码、共享内存来通信,各个硬件逻辑可以同时并行工作,能够大幅提升数据处理效率。

FPGA 芯片的研发门槛高,前期投入资金壁垒高,目前全球 FPGA 芯片市场主要集中在赛灵思(Xilinx,被 AMD 收购)、英特尔(Altera 被 Intel 收购)、莱迪思(Lattice)等国际厂商手中。

赛灵思(Xilinx)创建于 1984 年,总部位于美国硅谷核心的圣荷塞。Xilinx FPGA

主要分为两大类,一种侧重于低成本应用,容量中等,性能可以满足一般的逻辑设计要求,如 Spartan 系列;还有一种侧重于高性能应用,容量大,性能可以满足各类高端应用要求,如 Virtex 系列,用户可以根据自己的实际应用要求进行选择。

2015 年 12 月 28 日,在通过欧盟、中国商务部等一系列反垄断审查后,英特尔宣布以 167 亿美元收购 Altera,英特尔将成为第二大可编程逻辑器件厂商,这也是英特尔公司历史上规模最大的一次收购。

2020 年 10 月 27 日,AMD 宣布以 350 亿美元完成对赛灵思(Xilinx)的收购,AMD 也将成为全球市场中能够同时提供 CPU、GPU 和 FPGA 三种产品的芯片厂商。

FPGA 芯片所具有的并行计算高效、灵活性高、应用开发成本低、上市时间短等优势使其应用场景覆盖了航天航空、工业控制、网络通信、消费电子、自动驾驶等领域。

据弗若斯特沙利文(Frost & Sullivan)的统计,全球 FPGA 芯片市场规模从 2017 年的 58.3 亿美元增长至 2020 年的 75.5 亿美元(图 4-2),中国 FPGA 芯片市场从 2017 年的约 80 亿元人民币增长至 2020 年的约 155 亿元人民币。随着全球通信设备的升级迭代、AI 技术的普及推广,预计到 2025 年,全球 FPGA 芯片的市场规模将达到 125.2 亿美元。

FPGA 是一个技术壁垒高的行业,硬件结构复杂且良品率低,软硬协同研发对设计公司提出了更大的挑战。我国的 FPGA 技术发展缓慢,目前国产的 FPGA 芯片主要集中在容量小于 500 k 的逻辑单元、制程在 28～90 nm 的产品上。从 20 世纪 90 年代到 2017 年,我国逐步出现了安路科技、西安智多晶、紫光同创等优秀的 FPGA 生产企业(见表 4-2)。

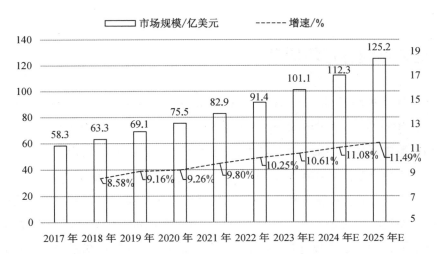

图 4-2 2017～2025 年全球 FPGA 芯片市场规模、增速及预测图

表 4-2　中国生产 FPGA 的厂商情况列表

公司	成立时间	地点	公司简介
紫光同创	2013 年	深圳	中国 FPGA 领导厂商，研发出中国第一款自主产权的千万门级高性能 FPGA 产品，已经量产 28 nm CMOS 工艺 Logos-2 系列高性价比 FPGA
安路科技	2011 年	上海	国内少数能提供自主开发从逻辑综合到位流下载调试全流程软件的上市企业
高云半导体	2014 年	广州	技术骨干来自国际著名 FPGA 公司，实现了异构 SoC FPGA 的产品化，推出了各种支持 ARM、RISC-V 软/硬核的 FPGA 产品
成都华微	2000 年	成都	国家"909"工程集成电路设计公司和国家首批认证的集成电路设计企业
复旦微电	1998 年	上海	曾率先推出 28 nm 工艺制程的亿门级 FPGA 产品，SerDes 传输速率达到最高 13.1 Gb/s，填补了国产高端 FPGA 的空白
京微齐力	2017 年	北京	面向 AI 可编程芯片、边缘异构可编程芯片、嵌入式可编程芯片产品，目前在推进 28 nm/22 nm 芯片研发
西安智多晶	2012 年	西安	长江小米投资，创始团队拥有三十多年丰富的 FPGA 设计制造经验，已实现 55 nm、40 nm 制程产品的量产
上海遨格芯微	2015 年	上海	由美国硅谷知名可编程逻辑芯片企业的团队和国内资深工程团队创办，是三星 Galaxy 手机除 Lattice 外唯一备选的 FPGA 器件供应商，实现了国产 FPGA 芯片出口为零的突破

4.6　复杂可编程逻辑器件

复杂可编程逻辑器件(Complex Programming Logic Device，CPLD)采用 CMOS EPROM、EEPROM、快闪存储器和 SRAM 等编程技术，构成了高密度、高速度和低功耗的可编程逻辑器件。CPLD 由逻辑块、可编程互连通道和 I/O 块构成。

CPLD 开发的编程语言有 Verilog、VHDL；开发工具有 QuartusII、ISE 等。

CPLD 适合完成各种算法和组合逻辑，更适合于触发器有限而乘积项丰富的结构，它的连续式布线结构决定了其时序延迟是均匀和可预测的。CPLD 通过修改具有固定内连电路的逻辑功能来编程，FPGA 主要通过改变内部连线的布线来编程；FPGA 可在逻辑门下编程，而 CPLD 则在逻辑块下编程。与 FPGA 相比较，CPLD 的保密性好，但功耗要比 FPGA 大，且集成度越高越明显。

4.7 存储器

存储器是用于存储数据和信息的芯片。按存储介质分类可分为：使用半导体材料作为存储介质的半导体存储器，如动态随机存取存储器（DRAM）、静态随机存取存储器（SRAM）、闪充（Flash）存储器等；使用磁性材料作为存储介质的磁表面存储器，如磁带、软盘以及机械硬盘（HDD）等；以及使用光介质存储信息的光学存储器，如 CD-ROM、DVD-ROM 等。

存储器按照断电后数据是否依旧被保存的方式可分为易失性存储器（RAM）和非易失性存储器（ROM）两大类。前者在通电过程保持数据不变，断电后数据丢失，后者一旦写入数据后，不论通电与否都不会丢失数据。存储器的详细分类如图 4-3 所示。

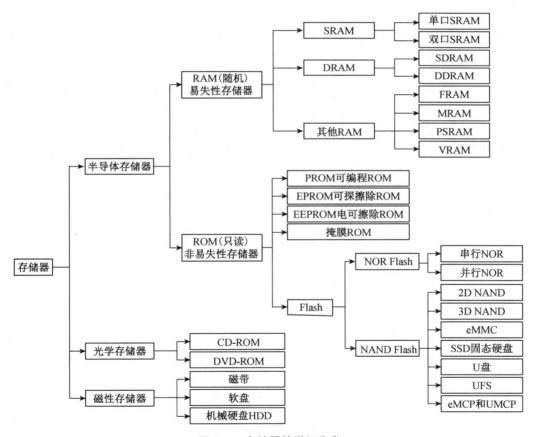

图 4-3 存储器的详细分类

4.7.1　动态随机存取存储器

动态随机存取存储器(Dynamic Random Access Memory，DRAM)是一种半导体存储器。在 20 世纪 70 年代，DRAM 主要采用异步接口，直到 2000 年左右出现同步动态随机存取存储器(SDRAM)。DRAM 存储单元的长宽比接近 1∶1，为阵列形状，存储器的地址线被分为行地址线和列地址线。行地址线用来选择等待执行读或者写操作的行，列地址线用来从被选中的行中选出一个用于执行读或写操作的存储单元。

DRAM 电容器上的电荷一般只能维持 1～2 ms，因此即使电源不断电，信息也会自动消失。为此每隔一定时间必须刷新，通常取 2 ms，这个时间称为刷新周期。刷新方式分为：集中刷新、分散刷新和异步刷新。其特点为：采用地址复用技术，地址线是原来的1/2，且地址信号分行、列两次传送；如果电源被切断，那么原来的保存信息便会丢失。

SDRAM 在结构上由 Bank 组成，每个 Bank 由行地址线、列地址线和行地址缓冲器组成，采用先送行地址线，再送列地址线分时复用的方式，提高存储器单元的访问速度。电子工程设计发展联合协会(JEDEC)于 1993 年正式完成了第一个 SDRAM 的标准制定后，相继推出了 DDR(DDR1)、DDR2、DDR3、DDR4、DDR5 标准(表 4-3)。

表 4-3　不同种类 DDR 的性能参数对比表

性能指标	DDR	DDR2	DDR3	DDR4	DDR5
时钟频率/MHz	133～200	133～200	133～200	133～200	133～200
总线时钟频率/MHz	133～200	266～400	533～800	1066～1600	1600～3200
数据传输速率/(Mbit/s)	200～400	400～1066	800～2133	1600～4266	3200～8400
电源电压 V_{DD}/V	2.5	1.8	1.5/1.35	1.2	1.1
I/O 接口	SSTL2	SSTL18	SSTL15	POD12	
预期时间/ns	2	4	8	8、16	
突发长度/bit	2/4/8	4/8	4/8	8	4/8/16
Bank 数	2/4/8	4,8	8		
颗粒容量	128 Mbit～1 Gbit	256 Mbit～4 Gbit	512 Mbit～8 Gbit	2～16 Gbit	8～32 Gbit
封装	TOP/BGA	FBGA	FBGA	FBGA	FBGA
发布时间	2000 年	2003 年	2007 年	2012 年	2020 年

DRAM 主要应用于智能手机、PC 端、服务器以及汽车电子等领域,有很强的行业周期性。存储芯片行业壁垒高,现阶段主要由韩国三星、海力士,美国镁光三大巨头垄断,中国企业主要有长江存储、紫光、合肥长鑫等。

低功耗双倍速率同步动态随机存取存储器(Low Power Double Data Rate SDRAM, LPDDR SDRAM)简称 LPDDR,是一种特殊的 DRAM,主要通过减小存储器与 CPU 之间的导线电阻和通道宽度来实现低功耗的运行。LPDDR 无固定通道宽度,一般为 32 bit,因其功耗低、体积小、可靠性高等优点,被广泛应用于移动、消费等便携式电子产品中。

4.7.2　静态随机存取存储器

静态随机存取存储器(Static Random Access Memory,SRAM)是随机存取存储器的一种。SRAM 一般可分为存储单元阵列、行/列地址译码器、灵敏放大器、控制电路和缓冲/驱动电路五大部分。SRAM 是静态存储方式,以双稳态电路为存储单元。SRAM 不像 DRAM 一样需要不断刷新,而且工作速度较快,功耗相对低,读/写速度快,但是容量相对小,因此 SRAM 常被用于功耗要求低或带宽要求高的场合。SRAM 可以随机访问,比 DRAM 更加容易控制,常常用作 CPU 芯片的一级缓存和二级缓存单元,不适合用于存储密度要求高的场合。SRAM 与 DRAM 的特点对比见表 4-4。

表 4-4　SRAM 与 DRAM 的特点对比表

特点	DRAM	SRAM
存储信息	电容器	触发器
延迟	通常为 15~30 ns	通常在 10 ns 以下
是否需要刷新	周期性刷新	不要
可靠性	易受影响,SoC 纠错	不易受影响,自我纠错
运行速度	慢	快
集成度	高(由 1 个或 3 个逻辑原件构成)	低(由 6 个逻辑原件构成)
容量	大/Gbit	小/Mbit
成本	低	高
应用场景	常用作主内存	常用作处理器 Cache 缓存

4.7.3　EEPROM/EPROM

一次可编程(One Time Programmable,OTP)存储器是指程序一次性烧写后不能改变和删除的存储器产品。可擦可编程只读存储器(Erasable Programmable Read Only Memory,EPROM)和电可擦编程只读存储器(Electrically Erasable Programmable Read Only Memory，EEPROM)指的是可以多次烧写和擦除的存储器产品，是一种断电后数据不丢失的存储芯片。

EEPROM 在断电的情况下仍然可以保留所存储的数据信息，可以通过编程器完成信息擦除和重新编程，可擦写次数已经超过百万次，数据保存超过 100 年。与 NOR Flash 相比，EEPROM 容量更低(通常为 1 kbit~2 Mbit)，具有功耗低、体积小、接口简单、数据保存可靠性高、支持在线修改等优势，广泛应用于智能电表、消费电子、智能家居、汽车电子等存储数据修改频繁、可靠性高的领域。

另外，如铁电随机存取存储器(Ferroelectric RAM，FRAM 或 FeRAM)和磁性随机存取存储器(Magnetic RAM，MRAM)等其他非易失性存储器形态在数据存储和读取方面各具特点。FeRAM 在高速读写、低功耗应用方面表现出色，而 MRAM 则以极高的读写寿命、低延迟、低功耗和高可靠性著称。

4.7.4　闪存

Flash 存储器又称闪存，是一种非易失性存储器，它结合了 ROM 和 RAM 的长处，不仅具备电子可擦除可编程(EEPROM)的性能，还可以快速读取数据，使数据不会因为断电而丢失。目前常见的闪充器有 NOR Flash 和 NAND Flash 两种。1988年，英特尔推出第一款 NOR Flash 商用产品，制程为 $1.5~\mu m$，并在 2005 年推出 65 nm 制程产品，其到今天依然是主流制程。不同类型的存储芯片性能和应用对比详细如表 4-5 所示。

表 4-5　EEPROM、NOR 与 NAND 特点及应用对比表

特点及应用	EEPROM	NOR Flash	NAND Flash
容量范围	低容量，2 kbit~4 Mbit	中容量，512 kbit~2 Gbit	大容量，1~8 Gbit
擦写次数	百万次	十万次	千次
读取速度	低速	高速	中低速
写入速度	较慢	较快	较慢
擦除速度	较快	慢	较快
功耗	低	高	中
可靠性	高	高	低
制程工艺	90~130 nm	45~55 nm	3D 结构(20 nm 或更低)
成本	低	中	高
寿命	100 年	20 年	1 年
特点	可靠性高，存储小规模、经常需要修改的数据	存储代码及部分数据，随机存储、可靠性高，读取数据快	数据型闪充芯片，主要用于大容量数据的存储

续表

特点及应用	EEPROM	NOR Flash	NAND Flash
主要应用	智能手机、蓝牙耳机、智能电表、摄像头模组、白色家电、汽车电子等	PC、智能手机、AMOLED 显示屏、机顶盒、穿戴设备、汽车电子等	智能手机、平板电脑的 eMMC、固态硬盘（SSD）等
代表厂商	ST、Microchip、普冉、复旦微电、聚辰、贝岭	华邦、旺宏、镁光、兆易创新、芯天下	三星、海力士、镁光、西数、铠侠、南亚、长江存储

1989 年，东芝公司研发了 NAND Flash 结构，其擦写速度比 NOR 更快，而且内部的擦写电路更为简单。

NOR Flash 的特点是在芯片内执行，即不需要把代码先放入系统 RAM 中再执行，而是可以直接在 Flash 闪充器内运行。NOR 的传输效率很高，在 1~4 MB 的小容量时具有很高的成本效益，但是很低的写入和擦除速度大大影响了它的性能。

使用 SPI 接口技术的 NOR Flash 一般称为 Serial NOR Flash 或者 SPI NOR Flash，使用 I^2C 接口技术的 NOR Flash 一般称为 Parallel NOR Flash。兆易创新推出的八通道 XSPI 接口技术 NOR Flash，大幅增加了闪充数据吞吐量，最高可达 400 Mb/s。

NAND Flash 存储器是 Flash 存储器的一种，其内部采用非线性宏单元模式，为固态大容量内存的实现提供了廉价有效的解决方案。其优点为容量较大、改写速度快等。NAND Flash 的数据以位的方式存储在存储单元中，按照其存储单元的数量分，有四种类型：SLC（Single Level Cell，SLC）、MLC（Multi Level Cell，MLC）、TLC（Trinary Level Cell，TLC）、QLC（Quad Level Cell，QLC）。SLC 单位容量的成本相对于其他类型更高，但是其数据保留时间更长、读取速度更快、使用寿命更长，单元擦写最高可达 10 万次。QLC 拥有更大的容量和更低的成本，但是其可靠性低、寿命短、速度慢，擦写次数为几百次。NAND 结构能提供极高的单元密度，可以达到高存储密度，并且写入和擦除的速度也很快。应用 NAND 的困难在于 Flash 的管理需要特殊的系统接口。

闪充多为平面型，也即 2D NAND，随着线宽不断缩小，NAND Flash 中晶体管极氧化层也会随之变薄，信号串扰问题越来越凸显。3D NAND 通过使用多层垂直堆叠技术，既能够提高单位面积存储密度，又能改善存储单元性能，相比于 2D NAND 拥有更大的容量、更低的功耗、更好的耐用性和更低的成本。全球 3D NAND 技术的竞争日益激烈，各大公司都在不断推出更高堆叠层数、更高性能的产品，三星、镁光、海力士等公司在这一领域处于领先地位，而长江存储等国内企业也在不断努力追赶。2020 年，长江存储宣布成功研发 128 层 3D NAND。

4.7.5　嵌入式多媒体卡

嵌入式多媒体卡(embedded Multi-Media Card，eMMC)采用 MMC 标准接口，内部把多个 NAND Flash 芯片和一个逻辑控制芯片等集成在一起，把高密度的 NAND Flash 以及 eMMC 控制器封装在一颗芯片中，同时兼容了不同 NAND 厂商的接口以及读写等管理功能，是专门为小封装设备而设计的存储器。最新发布的 eMMC 符合 JE-DEC eMMC 5.1 规范，支持界面数据传输模式——HS400 模式，多采用 BGA 封装，接口理论速度也从 104 MB/s 提升至 400 MB/s，普遍应用于智能手机、电脑平板、机顶盒、智能电视、POS 机、汽车车载屏等系统存储器领域中。

4.7.6　通用闪存存储

通用闪存存储(Universal Flash Storage，UFS)，如同 eMMC 一样，是由多个闪存芯片、主控组成的阵列式存储模块。UFS 弥补了 eMMC 仅支持半双工运行(读写必须分开执行)的缺陷，可以实现全双工运行，所以性能得到提升。最新 UFS 4.0 的读写速度可达到 4GB/s，是 eMMC 读写速度的 10 倍有余。目前 eMMC 已停止更新，而 UFS 正在慢慢取代 eMMC。UFS 设备广泛应用于平板电脑、虚拟现实(VR)、无人机、监控系统、PDA、数字记录器、电子玩具等大容量的存储领域。

4.7.7　eMCP 和 uMCP

eMCP 是结合 eMMC 和 LPDDR 封装而成的一种嵌入式芯片封装存储器。eMCP 因为有内建的 NAND Flash 控制芯片，可以减轻主芯片运算的负担，并且可以管理更大容量的快闪记忆体。与传统的 MCP 相比，采用 eMCP 封装方案，既可减小 PCB 面积，又可实现小体积内的更高性能与更大容量。eMCP 的传输速率、读写速度与 eM-MC＋LPDDR 存储方案相同，目前较高版本的 eMMC 5.1 的读写速度为 400 MB/s，主流的 LPDDR4/4X 传输速率可达 4266 Mb/s。

uMCP 是结合 UFS 和 LPDDR 封装而成的智慧型手机记忆体标准，与 eMCP 相比，国产的 uMCP 在性能上更为突出，性能更高、功率更小。

4.8　无线通信模组

随着物联网的广泛应用以及车联网的普及，无线通信模组渐渐走入我们的生活并被广泛应用到方方面面。无线通信模组是实现万物互联的关键设备，物联网终端通过无线通信模组接入网络以满足数据无线传输的需求，是物联网感知层与网络层的重要连接枢纽,已被广泛用于无线支付、智慧能源、智慧城市、智慧医疗和农业环境等领域。

物联网通信技术一般分为两种,一种是近距离技术,如蓝牙、Wi-Fi、ZigBee;一种是组成广域网的技术,如 NB-IoT、GPRS、4G、LoRa 等。按照搭载基带芯片支持的通信协议,无线通信模组可分为定位模组和通信模组。定位模组分为 GNSS 和 GPS 模组,通信模组又分为蜂窝模组和非蜂窝模组。非蜂窝模组包括蓝牙、Wi-Fi、LoRa、ZigBee 等无线通信模组;蜂窝模组包括 2G、3G、4G、5G 和 NB-IoT 通信模组。无线通信模组主要用来直接通过串口收发数据。按工作频率分,市场上常见的有 230 MHz、315 MHz、433 MHz、2.4 GHz、5 GHz 等。无线通信模组参数和应用的对比见表 4-6。

表 4-6 无线通信模组参数和应用对比表

类型		通信技术	传输速度	通信距离	功耗	应用
局域网无线通信	非蜂窝模组	Wi-Fi	11~54 Mbps	20~200 m	较高	移动设备和智能终端、智能家居控制等
		蓝牙	1~48 Mbps	10~300 m	低	包括穿戴式设备、消费电子,智能家居等
		ZigBee	500 kbps	2~20 m	低	智能家居、工业自动化、医疗监护、农业物联网、和消费电子等
广域网无线通信	蜂窝模组	LoRa	<10 kbps	城内:1~2 km 城外:>15 km	较低	智慧城市、工业自动化、智慧园区等
		NB-IoT (Cat NB1)	<250 kbps	15 km 以上	低	智慧城市、智能家居、物流仓储、工业制造等
		eMTC (Cat M1)	<1 Mbps	<10 km	低	智能家居、车载与交通管理、可穿戴设备等
		Cat0	<1 Mbps	<10 km	低	物联网设备、智慧城市、农业物联网等
		Cat1	<10 Mbps	1~10 km	较低	智能家居、工业物联网、智慧交通、能源管理、新零售和金融支付等
		Cat4 及以上	<150 Mbps	<10 km	较高	车联网、视频安防、移动宽带与无线路由等领域
		5G	1 Gbps~ 10 Gbps	基站 200~300 m	较高	远程医疗、智慧教育、智能交通、智能制造、家庭娱乐与智能家居以及智慧城市等

4.8.1　蓝牙

1998 年，东芝、爱立信、诺基亚、英特尔和 IBM 公司成立了一个"蓝牙技术联盟"组织，共同提出一种短距离无线连接技术，即蓝牙技术标准。蓝牙从最初的蓝牙 1.0 版本升级到 2023 年 1 月发布的蓝牙 5.4 版本，最大传输速率从最初的 723.1 kb/s、通信距离 10 m 到最大传输速率 48 Mb/s、通信距离 300 m。

从蓝牙 4.0 协议开始，后续的版本都包含经典蓝牙和低功耗蓝牙两种版本。经典蓝牙和低功耗蓝牙是两种完全不同的技术，经典蓝牙支持两种不同的数据速率：基本速率（BR）和增强数据速率（EDR），多用于扬声器、耳机等音频和数据量比较大的传输。低功耗蓝牙采用跳频扩频方法，支持在 40 个信道上传输数据，常见于可穿戴设备、健康检测设备以及各种智能物联网设备。蓝牙技术使用 2.4 GHz 的无线频段进行通信，一共划分为 79 个频道，支持点对点通信，每个频道的带宽为 1 MHz，通过频率跳跃技术，蓝牙设备会不断地在这些频道之间进行切换，以减少干扰和提高通信质量。

蓝牙模块根据协议的支持分为单模蓝牙模块和双模蓝牙模块。单模蓝牙指的就是低功耗蓝牙，双模蓝牙则同时支持低功耗蓝牙和经典蓝牙，最常见的就是手机或者笔记本电脑，这些产品既能连接经典蓝牙设备，又能连接低功耗蓝牙设备。低功耗蓝牙和经典蓝牙性能对比见表 4-7。

表 4-7　低功耗蓝牙和经典蓝牙性能对比表

参数	低功耗蓝牙	经典蓝牙
频段	2.402~2.480 GHz	2.402~2.480 GHz
信道	40 个信道，2 MHz 间隔 （3 个广告通道、37 个数据通道）	79 个信道，间隔为 1 MHz
频道使用情况	跳频扩频（FHSS）	跳频扩频（FHSS）
调制	GFSK	GFSK，$\pi/4$ DQPSK，8DPSK
数据速率	LE 2M 物理层：2 Mb/s LE 1M 物理层：1 Mb/s LE 编码物理层（$S=2$）：500 kb/s LE 编码物理层（$S=8$）：125 kb/s	EDR PHY（8DPSK）：3 Mb/s EDR PHY（$\pi/4$ DQPSK）：2 Mb/s BR PHY（GFSK）：1 Mb/s
发射功率	≤100 mW（+20 dBm）	≤100 mW（+20 dBm）
接收灵敏度	LE 2M 物理层：≤−70 dBm LE 1M 物理层：≤−70 dBm LE 编码物理层（$S=2$）：≤−75 dBm LE 编码物理层（$S=8$）：≤−82 dBm	≤−70 dBm
通信拓扑	点对点（包括微微网） 广播网状网络	点对点（包括微微网）

4.8.2 Wi-Fi

Wi-Fi(Wireless Fidelity)又称 802.11b 标准,同蓝牙技术一样属于短距离无线技术,属于物联网传输层,其功能是将串口或 TTL 电平转化为符合 Wi-Fi 无线网络通信标准的嵌入式模块,内置无线网络协议 IEEE802.11b.g.n 协议栈以及 TCP/IP 协议栈。Wi-Fi 的传输速率可以达到 54 Mb/s,有效传输距离也很长,占据着主流无线传输的地位。

Wi-Fi6 主要使用了 OFDMA(正交频分多址)、MU-MIMO(多用户多入多出)等技术。MU-MIMO 允许路由器一次与 4 个设备通信,Wi-Fi6 将允许与多达 8 个设备通信。Wi-Fi6 还利用其他技术,如 OFDMA 和发射波束成形,两者的作用分别为提高效率和网络容量。Wi-Fi6 最高速率可达 9.6 Gb/s。

4.8.3 LoRa

LoRa(Long Range Radio)是一种低功耗局域网无线标准。一般情况下,低功耗则传输距离近,高功耗则传输距离远,LoRa 的目的是解决功耗与传输距离的矛盾问题。LoRa 技术的传输速率可以根据通信距离、信噪比和数据传输量等因素进行自适应调查,从而在保证数据传输可靠性的前提下,实现低功耗且更长的通信距离。LoRa 单一网关的传输距离在城镇可达 2~5 km,在空旷的郊区最远可达 15 km;一个 LoRa 网关可以连接几万个 LoRa 节点;传输速率一般是 300~50 kb/s,传输距离越远速率越低;在同一功耗下比传统的无线射频通信距离扩大 3~5 倍。

因为 LoRa 网关具有低功耗和长距离传输等特性,其连接的终端节点可能是各种设备,比如水表、气表、烟雾报警器、宠物跟踪器等。这些节点通过 LoRa 无线通信首先与 LoRa 网关连接,再通过 4G 或者以太网络连接到网络服务器中。

4.8.4 ZigBee

ZigBee 是一种基于 IEEE 802.15.4 标准的低功耗、低速率、短距离的无线通信技术。它在物联网(IoT)和机器对机器(M2M)通信中扮演着重要角色,特别适用于需要低功耗、低成本和自动组网的场景。ZigBee 采用低功耗设计,网络节点设备工作周期较短,收发信息功率低。通信延时和从休眠状态激活的延时都非常短,设备搜索延时为 30 ms,休眠激活延时为 15 ms,活动设备信道接入延时为 15 ms。ZigBee 网络可以自动建立和维护,一个星形结构的 ZigBee 网络最多可以容纳 255 个设备,网状结构的 ZigBee 网络中理论上可支持 65 535 个节点。ZigBee 提供了基于循环冗余校验(CRC)的数据包完整性检查功能,支持鉴权和认证,采用了 AES-128 加密算法,各个应用可以灵活确定其安全属性。

ZigBee 采取了碰撞避免机制,避免了发送数据时的竞争与冲突,其特点为数据传输速率低、功耗低、成本低、网络容量大、延时短、网络的自组织/自愈能力强,通信可靠、数据安全。典型应用为智能家居、矿井人员定位、楼宇自动化等。

ZigBee 工作在以下三个频段:2.4 GHz 频段,该频段为全球通用频段,分为 16 个信道,最大数据传输速率为 250 kb/s;915 MHz 频段,该频段仅在美洲地区使用,分为 10 个信道,最大数据传输速率为 40 kb/s;868 MHz 频段,该频段仅在欧洲地区使用,仅有 1 个信道,最大数据传输速率为 20 kb/s。

4.8.5 近距离无线通信

近距离无线通信(Near Field Communication,NFC),是一种短距离高频无线电通信技术,由非接触式射频识别(RFID)及互连互通技术整合演变而来。NFC 的工作频率为 13.5 MHz,通信距离为 0~20 cm,传输速度有 106 kb/s、212 kb/s 或 424 kb/s 三种。NFC 有主动和被动两种工作模式。在主动通信模式下,每台 NFC 设备可以作为一个读卡器,向其他 NFC 设备发送数据并去识别和读写其他 NFC 设备信息。在被动通信模式下,和主动模式相反,它只在其他设备发出的射频场中被动响应读写信息,NFC 发起设备即主动启动 NFC 通信的设备,在整个通信过程中提供射频信号,它可以选择 106 kb/s、212 kb/s 或 424 kb/s 其中一种传输速度,将数据发送到另一台 NFC 目标设备,而 NFC 目标设备不必产生射频场。

NFC 技术适用于几厘米之内的短距离无线通信,支持双向通信,即两个设备之间可以同时发送和接收数据,连接速度非常快,通常在几百毫秒。另外,NFC 支持加密和安全认证,使得数据交互更加安全可靠,其典型应用为点对点形式、读卡器模式、卡模拟形式的支付、安防和标签等。

近距离无线数据传输技术包括 ZigBee、Wi-Fi、RFID、蓝牙、NFC 以及红外等几种不同的短距离无线通信技术性能对比表如表 4-8 所示。

表 4-8 短距离无线通信技术性能对比表

名称	NFC	RFID	ZigBee	蓝牙	红外	Wi-Fi
传输速率	424 kb/s	2 Mb/s	100 kb/s	1 Mb/s	115 kb/s	11~54 Mb/s
传输距离	1~20 cm	<3 m	2~20 m	10~100 m	1 m	10~200 m
频率	13.56 MHz	2.4 GHz	2.4 GHz	2.4 GHz	>300 GHz	2.4 GHz
功耗	10 mA	低	5 mA	20 mA	低	10~50 mA
安全性	极高	中等	中等	高	无	低
成本	低	中	中	中	低	高

4.8.6　窄带物联网

窄带物联网(Narrow Band Internet of Thing，NB-IoT)支持广域网中低功耗设备蜂窝数据连接，是 IoT 领域一种新兴的技术。

NB-IoT 支持 PS(节能模式)和 eDRX(扩展不连续接收模式)，可以长时间待机，NB 设备电池待机功耗可以长达 10 年。NB 的接收灵敏度高、穿透力强，信号能够穿透地下室。NB 设备成本低，支持半双工模式、低峰值速率、上下行带宽低至 180 kHz，内存需求占用小。NB 接入基站终端数量多，网络覆盖范围大。NB-IoT 具有功耗低、覆盖广、连接多、速率快、成本低、架构优等特点，成为物联网、智慧城市等应用的主要连接技术。

4.8.7　4G 模组

LTE(Long-Term Evolution)是一种 4G 无线移动通信技术，提供了高速数据传输和低延迟的网络连接。LTE 网络可以通过不同的用户设备(User Equipment，UE)类别来满足不同的应用需求，CAT(Category)是类别或种类，Cat-X 的值被用来衡量用户终端设备的速率等级。根据 3GPP Release 的定义，UE-Category 类别从 1~15 分为 15 个等级，其中 Cat. 1-5 在 R8 组，其中包括 LTE Cat. 1、LTE Cat. 2、LTE Cat. 3、LTE Cat. 4 和 LTE Cat. 5 等不同级别的 UE 设备。

Cat. 1 相比 NB-IoT 具备网络覆盖范围更大、速度更快和延迟更小等优势。但是 Cat. 1 只支持 QPSK 和 16QAM 两种调制方式，是最低级别的 LTE 无线用户设备。它适用于低成本、低性能、低速率的数据传输和 M2M(机器到机器)通信等场景，比如可穿戴设备、智能家电、工业传感器以及支付类应用。LTE Cat. 4 支持 QPSK、16QAM、64QAM 和 256QAM 四种调制方式，且还支持 2×2 MIMO 技术，适用于高速移动宽带、视频监控等场景，比如车联网、4G 路由器、视频安防、视频直播等具有较窄的覆盖范围和较高的数据速率应用。Cat1~Cat4 的性能对比见表 4-9。

表 4-9　Cat1~Cat4 的性能对比表

终端类别 UE-Category	最大上行速率 /(Mb/s)	最大下行速率 /(Mb/s)	典型上行功耗/W	典型下行功耗/W	调制方式	天线数量	适用场景
Cat. 1	5.2	10.3	0.8	1.5	QPSK、16QAM	1	M2M、物联网
Cat. 2	25.5	51.0	1.5	2.5	QPSK、16QAM、64QAM	1	移动宽带、物联网
Cat. 3	51.0	102.0	1.5	3	QPSK、16QAM、64QAM、256QAM	2	移动宽带、物联网

续表

终端类别 UE-Category	最大上行 速率 /(Mb/s)	最大下行 速率 /(Mb/s)	典型上行 功耗/W	典型下行 功耗/W	调制方式	天线 数量	适用场景
Cat. 4	51.0	150.8	1.5	3	QPSK、16QAM、 64QAM、256QAM、 MIMO	2	移动宽带、物 联网

4G 模组也称为无线物联网通信模组,指硬件加载特定频率段,软件支持标准 LTE 协议的一种产品统称。4G 模组是将基带芯片、射频芯片、存储芯片、电源管理芯片以及周边电路集成在一块 PCB 板上的模组,是一种利用 TD-LTE 或 FDD-LTE 的 4G 网络实现无线远距离数据传输,与远程公网服务器进行数据交互的无线模组。无线物联网通信模组可以作为物联网通信的链接,帮助智能终端实现无线通信、数据传输等功能。

4.9　本章小结

集成电路产品根据处理信号类型的不同,分为模拟类芯片和数字类芯片。模拟类芯片主要用于处理信号幅度随时间连续变化的连续信号,能真实、逼真地反映物理世界,模拟信号易衰减且不易存储。数字类芯片主要用于处理模拟信号经采样量化后得到的"0"和"1"数字信号,其特点为信息参数在时间和幅度上离散变化,数字信号易存储、不衰减,适合被高速处理。

数字类芯片的分类众多,应用场景广泛,对制程工艺要求高。存储器和微处理器,虽以数字信号为主,但这类产品的性能要求追逐最先进的工艺节点,或是使用特殊工艺。数字类芯片约占据半导体市场规模的 70%,本章重点介绍了数字电路芯片,包括 CPU、GPU、FPGA、DSP、MCU 和存储器等。

4.10　思维拓展

蓝牙名称的由来

蓝牙(bluetooth)的典故源自公元 10 世纪的丹麦国王哈洛德·布美塔特(Harald Blatand)。哈洛德是第一个统一挪威和丹麦的国王,统治时期大致从 958 年到 970 年。他的统治时期标志着北欧地区文化和政治统一的开始,也推动了欧洲文化和宗教的传播,他被后人尊称为"蓝牙国王"。关于他名字"蓝牙"的由来,有多种传说。一种说法是他酷爱吃蓝莓,以至于牙齿都被染成了蓝色,因此有了"蓝牙"的绰号;另一种传说是他的某颗牙齿因坏死而呈现出蓝色。

在千年之后，当无线通信技术兴起时，为了纪念这位历史上的伟大统治者，人们选择用"蓝牙"这个名字来命名这项技术。1995年，爱立信公司首次提出了蓝牙的概念，它是一种利用无线电波在电子设备之间进行短距离无线通信的方法。随后，在1998年，爱立信、诺基亚、东芝、IBM和英特尔等公司共同成立了一个行业协会，旨在开发这种无线连接技术。他们希望这项技术能像蓝牙国王一样，将不同工业领域的工作协调、统一起来。

因此，蓝牙不仅是一项技术名称，它还代表了沟通、协调和统一的精神，承载着深厚的历史和文化内涵。现在蓝牙技术已广泛应用于包括无线通信、智能家居等各领域，成为我们生活中不可或缺的一部分。

第五章

模拟类芯片

　　模拟类芯片是连接真实模拟信号与数字世界的桥梁,主要功能是将声、光、电、速度、压力、温度等自然界的模拟信号,处理为离散的"0"和"1"信号,实现模拟信号转换和处理的芯片。模拟信号先经由传感器转换为电压或电流信号,再通过模拟集成电路进行信号滤波、放大、数模信号转换后,进入数字系统进行功能分析和处理,如图5-1所示。

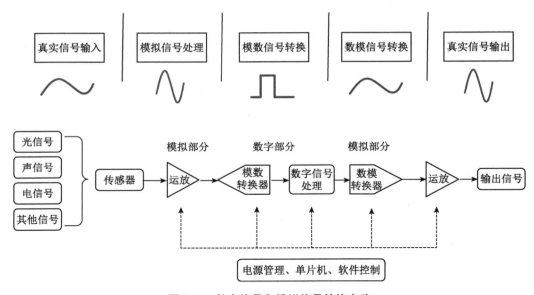

图5-1　数字信号和模拟信号转换电路

　　模拟类芯片应用广泛,按照产品应用类型可以分为信号链芯片、电源管理芯片、射频芯片以及其他类型芯片。

　　信号链芯片的主要功能是对模拟信号进行收发、转换、放大、滤波等处理,主要包括放大器、数据转换器、时钟芯片、接口芯片及其他模拟芯片。电源管理芯片主要包括交流变直流芯片(AC-DC)、直流变直流芯片(DC-DC)、线性电源芯片、电池管理芯片、驱动芯片、负载开关、保护芯片及电源隔离芯片等。射频芯片是现代无线通信系统中的核心组成部分,它们负责处理高频信号,如无线电波信号,主要包括功率放大器、低噪声放大器、混频器、滤波器、时钟信号振荡器以及其他类型芯片。

根据世界半导体贸易统计组织(WSTS)的数据,2022年全球模拟类芯片市场规模将近 900 亿美元,中国的模拟类芯片市场规模超过 2000 亿元。目前全球模拟类芯片厂商排名前十的均为欧美或日系厂商,TI 和 ADI 公司销售额均在百亿美元以上,国产半导体体量较小,国产替换之路空间巨大,机会很多。国产模拟类芯片公司大多从消费电子、工业应用等技术门槛较低、市场应用量大的门类切入,近几年已经涌现出卓胜微、圣邦微、思瑞浦、纳芯微、艾为电子、芯海科技、晶丰明源、芯鹏微等一大批模拟类芯片生产企业。

模拟类芯片与功率半导体器件相互配合,广泛应用于电力系统中各个环节,从发电、输电、变电、配电再到用电,在各个环节中发挥着关键作用,它们通过电力电子技术实现能效的转换、灵活控制和节能减排,为现代化电力系统高效、可靠运行提供有力支持。

5.1 电源管理

5.1.1 DC-DC 变换器

DC-DC 变换器是指在直流电路中能实现电压转换功能的电源芯片。DC-DC 变换器按照隔离方式可分为非隔离变换器和隔离变换器,其中非隔离变换器可分为升压变换器、降压变换器、升降压变换器等。隔离变换器采用隔离变压器来实现输出与输入的电气隔离,从而确保电源的安全性和稳定性,按照拓扑结构可分为正激变换器、反激变换器、全桥变换器、半桥变换器和推挽变换器等类型。

正激变换器是在降压(buck)变换器的基础上增加一个变压器得到的,其特点是电路简单,输出电压电流纹波小,具体工作原理如图 5-2 所示。当开关 S 开通后,变压器绕组 N_1 两端的电压为上正下负,与其耦合的 N_2 绕组两端的电压也是上正下负。因此 D_1 处于导通状态,D_2 处于关断状态,电感 L 的电流逐渐增加;S 关断后,电感 L 通过 D_2 续流,D_1 关断。

$$U_o = D \cdot \frac{N_2}{N_1} \cdot U_i \tag{5-1}$$

式中,U_o 是输出电压,U_i 是输入电压;D 是开关的占空比,即开关导通时间与开关周期的比值;$\frac{N_2}{N_1}$ 是变压器的匝数比,即变压器副边匝数与原边匝数的比值。

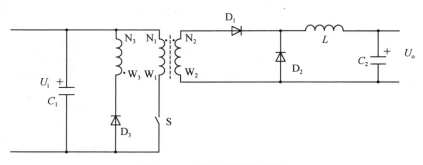

图 5-2　正激变换器示意图

反激变换器使用了一个相互耦合电感器,由降压-升压变换器电路改进而来,具体工作原理如图 5-3 所示,其特点是适用于小功率、低成本、高效率的应用场景。反激变换器电路中的变压器起储能的作用,可以看作是一对相互耦合的电感。当 S 开通后,D 处于断态,N_1 绕组的电流线性增加,电感储能增加;S 关断后,N_1 绕组的电流被切断,变压器中的磁场能量通过 N_2 绕组和 D 向输出端释放。

$$U_o = \frac{1}{1-D} \cdot \frac{N_2}{N_1} \cdot U_i \tag{5-2}$$

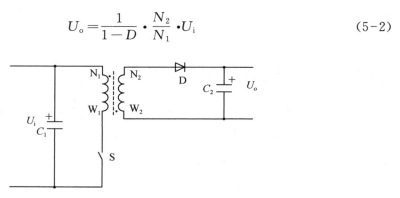

图 5-3　反激变换器示意图

全桥变换器由 4 个功率开关管组成,通过控制开关管的通断,实现电源的转换,具体工作原理如图 5-4 所示,其特点是结构简单,适合于中、大型功率电源场合。

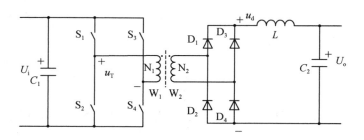

图 5-4　全桥变换器示意图

全桥变换器中互为对角的两个开关每半个周期同时导通,同一侧半桥上下两开关交替导通,使变压器一次侧形成幅值为 U_i 的交流电压,改变占空比就可以改变输出电压 U_o。

$$U_o = D \cdot \frac{N_2}{N_1} \cdot U_i \qquad (5-3)$$

半桥变换器电路简单,类似于全桥变换器,用两个电容代替开关管,形成半桥拓扑结构,具体工作原理如图 5-5 所示,其适用于对输出功率要求不高且要求低成本的场合。半桥变换器电路中 S_1 与 S_2 交替导通,使变压器一次侧形成幅值为 $U_i/2$ 的交流电压。改变开关的占空比,就可以改变二次侧整流电压 U_d 的平均值,也就改变了输出电压 U_o。

$$U_o = \frac{D}{2} \cdot \frac{N_2}{N_1} \cdot U_i \qquad (5-4)$$

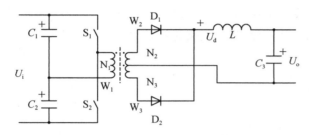

图 5-5　半桥变换器示意图

非隔离变换器拓扑结构指的是不使用隔离变压器,输入和输出之间有直接的电流回路,通常是共地的,其特点是成本较低且效率较高。非隔离变换器包括降压(Buck)变换器、升压(Boost)变换器、降升压(Buck-Boost)变换器、Cuk 变换器,以及 Zeta 和 SEPIC 转换器等类型。

图 5-6 为 Buck 电路基本拓扑结构,一个基本的 Buck 变换电路,以及由一个开关管 SW、一个二极管 D、一个滤波电感 L 以及一个滤波电容 C 组成,R 为负载电阻。下面以假设所有器件都工作在理想状态为例,在一个开关周期 T_s 有两个工作状态。

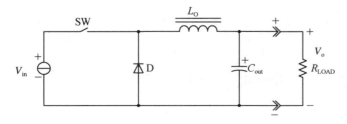

图 5-6　Buck 电路基本拓扑结构

在开关管 SW 导通阶段：SW 导通，电流从输入电源通过 SW、L 给 C 充电。由于二极管反向偏置，没有电流流过二极管，因此由电感特性可知，电感会产生一个自动电动势，阻碍电流通过。对于一个理想的电感，电感电流 I_L 不能瞬间改变，同时电感存储磁能，电感两端的电流线性增加，等效电路图见图 5-7(a) 所示。开关管导通时间与总的开关时间的比 $D = \dfrac{T_{on}}{T_S}$，此阶段电感两端电压和电流变化由公式计算：

$$V_L = V_{in} - V_o = L \cdot \frac{\mathrm{d}i_L}{\mathrm{d}t} = L \cdot \frac{\Delta I_{L/on}}{T_{on}} \tag{5-5}$$

$$\Delta I_{L/on} = \frac{(V_{in} - V_o)}{L} \cdot T_{on} = \frac{(V_{in} - V_o)}{L} \cdot D \cdot T_S \tag{5-6}$$

当开关管 SW 关断时，流过电感的电流和它的电感方向不能瞬间改变，电感会产生感应电动势来阻碍电流减小，感应电动势极性是相反的，这个电动势经过滤波电容、负载以及续流二极管构成回路，等效电路见图 5-7(b) 所示，此阶段电感电流可表示为：

$$\Delta I_{L/off} = \frac{-V_o}{L} \cdot T_{off} = -\frac{V_o \cdot (1 - D)}{L} \cdot T_S \tag{5-7}$$

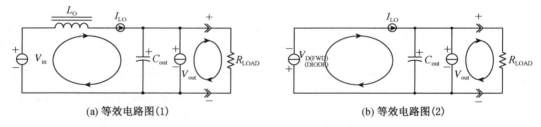

(a) 等效电路图(1)　　　　　　　　　　(b) 等效电路图(2)

图 5-7　Buck 电路基本工作原理图

在理想情况下，一个开关周期内的平均电流应该保持不变，电流变化总和为 0，即：

$$\Delta I_{L/on} + \Delta I_{L/off} = 0 \tag{5-8}$$

从而得到：

$$\frac{(V_{in} - V_o) \cdot D}{L} \cdot T_S = -\frac{V_o \cdot (1 - D)}{L} \cdot T_S \tag{5-9}$$

最后得到输入电压和输出电压的关系：

$$V_o = D \cdot V_{in} \tag{5-10}$$

通过上面的计算得知，Buck 电路的输出电压等于输入电压乘以占空比。

图 5-8 为 Boost 电路基本拓扑结构，与 Buck 相似，一个基本的 Boost 变换电路由

一个开关管 SW、一个二极管 D、一个滤波电感 L 以及一个滤波电容 C 组成，R 为负载电阻。下面假设所有器件都工作在理想状态，在一个开关周期 T_S 内有两个工作状态，开关完全导通阶段和完全关断阶段。

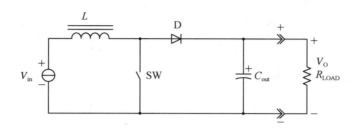

图 5-8　Boost 电路基本拓扑结构

在开关管 SW 导通阶段：SW 闭合，电压直接给 L 充电。电流从输入电源流到电感 L 和开关管，这时候二极管阳极电压为 0，二极管反向偏置，没有电流流过二极管。由电感特性可知，一个理想的电感，流过它的电流 I_L 不能瞬间改变，电感会产生一个自动电动势阻碍电流通过，其两端的电流呈线性增加，等效电路如图 5-9(a) 所示。开关管导通时间为 DT_S，开关管关断时间为 $(1-D)T_S$，此阶段电感两端电压和电流的变化由公式计算：

$$V_L = V_{in} - V_o = L \cdot \frac{\mathrm{d}i_L}{\mathrm{d}t} = L \cdot \frac{\Delta I_{L/on}}{T_{on}} \tag{5-11}$$

$$\Delta I_{L/on} = \frac{(V_{in} - V_o)}{L} \cdot T_{on} = \frac{V_{in} \cdot D}{L} \cdot T_S \tag{5-12}$$

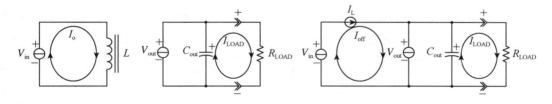

图 5-9　Boost 电路基本工作原理图

当开关管 SW 断开时：经过电感 I_L 的电流不能立即改变，I_L 会通过二极管 D 构成回路，电感的电压极性是反相的。L 中存储的能量会通过二极管 D 给负载 R 放电。同时，电压也会通过二极管 D 给负载 R 放电，两者放电叠加，以达到升压的目的，此阶段电感电流可表示为：

$$\Delta I_{L/off} = \frac{(V_{in} - V_o)}{L} \cdot T_{off} = -\frac{(V_{in} - V_o) \cdot (1-D)}{L} \cdot T_S \tag{5-13}$$

在理想情况下,一个开关周期内的平均电流应该保持不变,电流变化总和为 0,即:

$$\Delta I_{L/on} + \Delta I_{L/off} = 0 \qquad (5-14)$$

从而得到:

$$\frac{V_{in} \cdot D}{L} \cdot T_S = -\frac{(V_{in} - V_o) \cdot (1-D)}{L} \cdot T_S \qquad (5-15)$$

最后得到输入电压和输出电压的关系:

$$V_o = \frac{D}{1-D} \cdot V_{in} \qquad (5-16)$$

图 5-10 为非同步 Buck-Boost 变换器电路基本工作原理图,Buck-Boost 是一种输出电压既可以低于输入电压,也可以高于输入电压的单管不隔离直流变换器,可以看成 Buck 和 Boost 串联,但是输出电压极性与输入电压相反。Buck-Boost 转化器电路包括一个开关管 SW、一个二极管 D、一个滤波电感 L 以及一个滤波电容 C 组成,R 为负载电阻。

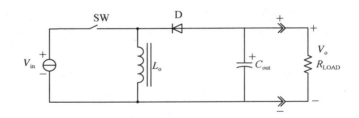

图 5-10　非同步 Buck-Boost 电路基本工作原理图

此处省略推导过程,最后得到输入电压和输出电压的关系:

$$V_o = -\frac{D}{1-D} \cdot V_{in} \qquad (5-17)$$

5.1.2　低压差线性稳压器

低压差线性稳压器(Low Dropout Regulator,LDO)的主要特点是其输入电压与输出电压之间的差异非常小,通常用于需要精确控制电压的应用中。LDO 的设计和应用具有包括输出电压稳定性优、抗噪声干扰能力强、简单易用等多个优点,适用于不同类型的电路中。LDO 可以从不同的角度进行划分。

(1) LDO 按调整管类型分类

① PMOS LDO:使用 P 型金属氧化物半导体晶体管作为调整元件。PMOS 晶体管在导通时,其源极和漏极之间的电阻较低,使得 PMOS LDO 能够在较低的输入输出

压差下工作,从而减少功耗。这是最常见的 LDO 类型之一。

② NMOS LDO:虽然不如 PMOS LDO 常见,但 N 型金属氧化物半导体晶体管在某些特定应用中也被用作调整元件。

（2）LDO 按性能特点分类

① 低压降 LDO:具有较低的压差,通常在几毫伏至几百毫伏之间。这种 LDO 适用于输入电压与输出电压相差较小,对电源噪声和纹波要求极高的场合,如高精度测量设备等。

② 高效率 LDO:通过采用先进的电路设计和工艺技术,实现了较高的电源转换效率。这种 LDO 通常具有较低的静态电流和较高的输出电流能力,适用于对功耗要求较高的场合。

③ 可调 LDO:允许用户通过外部电阻或电容来调节输出电压。这种 LDO 提供了更灵活的配置选项,能够满足不同应用场景的需求。

④ 同步降压型 LDO:结合了线性稳压器和开关稳压器的优点,能够在保证输出电压稳定的同时,实现较高的电源转换效率。这种 LDO 通常具有较宽的输入电压范围和较高的输出电流能力。

⑤ 快速瞬态响应 LDO:能够在负载电流突然变化时快速响应并调整输出电压。这种 LDO 适用于需要快速响应的场合,如高速数字电路、脉冲电路等。

（3）LDO 按调整的电源类型分类

① 正电压型 LDO:调整正压电源,输出正电压。

② 负电压型 LDO:调整负压电源,输出负电压。

LDO 的特点为:超低纹波、高精度、低压差、低静态电流、电压监控、复位控制、多通道输出。LDO 和 DC-DC 的区别见表 5-1。LDO 主要应用于数据采集、电池供电、低功耗场合,如手持仪表、嵌入式系统电源管理、工业控制、需要多路供电的嵌入式系统。

表 5-1　LDO 与 DC-DC 的对比表

对比内容	LDO	DC-DC
复杂度	外围器件少,电路简单,成本低	外围器件多,电路复杂,成本高
纹波	负载响应快,输出纹波小	负载响应比 LDO 慢,输出纹波大
效率	效率低,输入/输出压差不能太大	效率高,输入电压范围大
功能	只能降压	支持降压和升压
功率	输出电流有限,最大可能就几安培	输出电流大,功率大
噪声	噪声小	开关噪声大,为了提高开关 DC-DC 的精度,很多应用会在 DC-DC 后端接 LDO
输出调节	分为可调和固定型	一般都是可调型,通过 FB 反馈电阻调节

5.2　其他电源管理

5.2.1　多路电源管理

电源模块是可以直接贴装在印刷电路板(PCB)上的电源供应器。主要应用有:交换设备、接入设备、移动通信、微波通信以及光传输、路由器等通信领域和汽车电子、航空航天等。半导体行业的电源模块,一般指集成电感的电源芯片。

多路电源管理芯片(Power Management IC,PMIC)是一种集成了多种电源管理功能的芯片,主要用于为主系统提供全面的电源管理解决方案。它集成了多路 DC-DC 转换器、低压差线性稳压器以及其他相关电路,能够高效、稳定地管理电源系统。PMIC 的功能如直流-直流转换、低压差线性稳压器、电源选择、各电源开启或关闭次序控制、电源电压检测以及温度检测功能等。

PMIC 通常集成了多种保护电路,如过压保护、欠压保护、过流保护、过温保护等,具有高可靠性,被广泛应用于各种便携式设备,以及工业控制系统、汽车电子、医疗设备等相关领域。

5.2.2　热拔插芯片

热插拔指的是在不关闭系统电源的情况下,安全地将模块、板卡插入或拔出系统而不影响系统的正常工作。在热插拔过程中,热插拔芯片会根据电容负载的大小自动调整电流上升的斜率,从而避免电流过大对系统造成冲击,提高了系统的可靠性、快速维修性、冗余性和对灾难的及时恢复能力等。热插拔的应用可分为:卡件式电源热插拔、卡式冗余电源热插拔、卡式双电源热插拔等。

热插拔芯片通常包含驱动 MOS 设计和电流检测电阻,以及驱动电路和控制电路两部分。驱动电路提供足够的驱动电流,而控制电路负责监测和控制电流的上升斜率,具有过压和欠压保护功能,以及过载时利用恒流源实现有源电流限制等功能,这些都有助于提升系统的稳定性和可靠性。热插拔芯片的工作温度范围通常在 $-40\ ℃\sim105\ ℃$ 之间,但某些高性能芯片可能在更广泛的温度范围内工作。热插拔芯片广泛应用于计算机系统、网络设备、工业控制等领域,特别是需要高可靠性和连续不断电运行的设备中。

5.2.3　电压基准

电压基准芯片是一种具有高精度和稳定输出电压的集成电路芯片,它通过内部的参考源、稳压电路，以及反馈调节电路来提供一个稳定的参考电压。电压基准根据外部应用结构不同，可分为串联型和并联型两类。串联型电压基准与三端稳压电源类似，基准电压与负载串联；并联型电压基准与稳压管类似，基准电压与负载并联。带隙电压基准和稳压管电压基准都可以应用到这两种结构中。电压基准按照不同的技术工艺可分为并联基准、带隙基准、XFET 基准以及掩埋齐纳基准，详细性能和应用对比如表 5-2 所示。

表 5-2　几种不同电压基准性能和应用对比表

参数/类型	并联基准	带隙基准	XFET 基准	掩埋齐纳基准
工作原理	通过调节流过电阻的电流来调整输出电压	利用两个不同电流密度下的双极晶体管的基极—发射极电压差产生稳定的电压	利用获得专利的温度漂移曲率校正和额外注入结型 FET 技术来降低温度对电压变化的影响	利用掩埋的齐纳二极管产生稳定的参考电压
初始精度	一般	中等到高	高	高
温度系数/（ppm/℃）	10～100	3～100	8～25	1～20
长期稳定性	一般	较好	很好	极好
噪声性能	一般	较好	很好	非常好
功耗	相对较高	中等	低	低
输入电压范围/V	1～5	2.048～10	2.048～5	5～10
输出电流能力	一般	中等	较高	高
成本	低	中等	较高	高
应用场景	一般电源应用，对精度要求不高的场合	需要一定精度和稳定性的电子设备等	高精度、低噪声应用，如医疗仪器等	万用表、ATE 测试设备等

5.2.4　负载开关

负载开关相当于电子式的"继电器"，通过控制引脚实现对电源的打开和关断。负载开关可以用分立器件搭建，也可以使用集成式芯片实现，主要包含输入电压、输出电压、使能端和接地端 4 个引脚，当使能端被激活时，负载开关导通，允许电流从输入端流向输出端，从而为负载供电。

负载开关内部可能使用 NMOS 管或 PMOS 管作为开关元件，同等体积下的

NMOS 管能够承受更高的电流并具有较低的导通电阻。为了保护电路和设备免受过大电流的损害,很多负载开关都具备限流功能,特别是在出现过载或短路等异常情况下,可以通过限制通过开关的电流大小,来防止因电流过大而导致的设备损坏或安全事故。例如 USB 接口广泛应用于各种电子设备之间的数据传输和充电,通过内置限流功能的负载开关,可以防止电路过载或短路,确保 USB 可靠运行。

5.2.5　以太网供电

以太网是基于双绞线进行传输的,相对于低电压差分信号(Low-Voltage Differential Signaling,LVDS)总线线束,质量和成本都可以得到降低。以太网也可以实现数据线供电(PoDL),减少外部的供电电源线。

以太网供电(Power over Ethernet,PoE),允许通过以太网电缆进行供电,不需要额外的电源适配器,从而降低了传统电源线和网络线分开布置的复杂性。PoE 芯片通常利用以太网电缆中的 4 根线来传输数据,再用 4 根线来传输电能。一个完整的 PoE 系统包括供电端设备 PSE(Power Sourcing Equipment)和受电端设备 PD(Power Device)两个部分,PSE 负责将电源注入以太网线,并实施功率的规划和管理;而 PD 则是使用电源的设备,如语音通信设备、网络摄像头等。由于 PoE 技术需要在传输数据的同时为设备提供直流供电,为了确保数据传输和供电的安全性,PoE 系统有电气隔离要求,所以一般采用反激拓扑结构,依不同协议标准,有不同的输出功率,详细如表 5-3 所示。

表 5-3　以太网供电类型和标准表

Type	标准	供电电压 /V	供电电流 /mA	最大供电功率 /W	最大受电功率 /W
Type1	IEEE 802.3 af	44～57	10～350	15.4	12.95
Type2	IEEE 802.3 at	50～57	10～600	30	25.5
Type3	IEEE 802.3 bt	52～57	10～1200	60	51
Type4	IEEE 802.3 bt	9～72	10～1250	90	71.3

5.3　驱动芯片

5.3.1　马达驱动器

马达驱动器也称为电动机控制器。它的核心作用是控制电机转动速度、转动方向以及力矩等。这种控制是通过调节马达的电流和电压来实现的,从而确保马达能够按照预定的方式精确运行。

马达驱动器主要由功率部分和控制部分组成,其中功率部分负责提供马达所需的电源,而控制部分则负责调控功率,确保马达能够按照设定的参数运行。马达驱动器具有多种功能,如电流反馈控制,能够确保电机工作在最佳状态,从而延长驱动器和马达的使用寿命,提高其稳定性。此外,它还可以实现速度控制,即控制马达的转速,并反馈实际转速,以达到对速度的闭环控制。对于直流马达,驱动器还可以控制其转向,并实现换向后的启动和制动。此外,还有一种步进电机驱动器,当驱动器芯片接收到一个脉冲信号时,就驱动电机按照设定的方向转动一个固定的角度。它能够将电脉冲转化为角位移,通过控制脉冲的个数和频率来精确控制电机的转动角度和速度,实现准确定位和调速,常被应用于汽车电子、工业控制、机器人、医疗设备等领域。

5.3.2　LED 驱动器

LED 驱动器是驱动 LED 发光或工作的电子器件。LED 驱动器的主要作用是通过给 LED 施加恒定的电压或恒定的电流来控制 LED 的发光亮度,按照驱动方式通常分为恒定电压型 LED 驱动器和恒定电流型 LED 驱动器两种。

恒定电压型 LED 驱动器,其内部通常集成一个电源管理芯片,它会对输出电压进行实时监测和调查,以保证输出电压恒定不变。这个恒定电压可确保 LED 工作在额定工作电流范围内,从而保证 LED 的正常使用,若 LED 工作电流变大,驱动器会自动调节输出电压、减小电流,保护 LED。这类 LED 驱动器通常应用于对 LED 寿命要求不太高的单色、双色显示屏 LED 驱动应用中。

恒定电流型 LED 驱动器,采用线性稳压器原理,将基准电压源、误差放大器和功率管集成到一起,通过控制与 LED 串联的采样电阻上的电压,使流过 LED 的电流恒定。所以恒定电流型 LED 驱动器通常通过改变内部基准电压源的电压值来改变 LED 的亮度。

5.3.3　IGBT 驱动器

IGBT 驱动器是驱动 IGBT 并对其整体性能进行调控的装置,它不仅影响 IGBT 的动态性能,同时还影响系统的成本和可靠性。IGBT 驱动器的主要功能是对 IGBT 进行开通和关断操作,并提供保护和控制功能。同时驱动器还可以监测 IGBT 的状态,如温度、电流大小等,以确保 IGBT 能够安全工作。驱动器的选择及输出功率的计算决定了换流系统的可靠性。若驱动器功率不足或选择错误可能会直接导致 IGBT 和驱动器损坏。

5.4 运算放大器

在工业控制和通信等领域中,处理微弱信号和高速模拟信号时,对运算放大器的性能有着极高的要求。运算放大器作为模拟电路中的核心组件,其性能直接影响到整个信号处理系统的准确性和稳定性。

运算放大器是一种可以对小信号进行放大的电路,是具有很高放大倍数的电路单元。它是一种带有特殊耦合电路及反馈的放大器,其输出信号可以是输入信号进行加、减或微分、积分等数学运算后得到的结果。按照集成运算放大器的参数可分为:通用型、高阻型、低温漂型、低功耗型、高压大功率型、可编程控制型。

运算放大器的性能参数主要包括:输入/输出电压范围、噪声、输入失调电压、输入失调电流、输入偏置电流、相位余量、增益带宽积、压摆率、电源抑制比等(见表 5-4)。

表 5-4 运算放大器的主要参数

参数	符号	单位	定义描述
输入失调电压	V_{OS}	mV	指的是在运算放大器开环时,加在放大器两个输入端之间的直流电压,使得放大器直流输出电压为 0,即当运算放大器接成跟随器且正输入端接地情况下,此时的非 0 输出电压
增益带宽积	GBW	MHz	增益带宽积是一个常量,即开环增益与该指定频率的乘积,定义在开环增益随频率变化的特性曲线中以 $-20\,dB/10$ 倍频程滚降的区域
输入偏置电流	I_B	nA	指运算放大器工作在线性区时流入输入端的平均电流
输入失调电流	I_{OS}	pA	当运放输出维持在规定电平时,两个输入端流进电流的差值
输入失调电压漂移	$\Delta V_{OS}/\Delta T$	$\mu V/℃$	输入失调电压随温度变化的比值
热阻	θ_{JA} θ_{JC}	℃/W	θ_{JA} 是芯片结温与芯片周围环境的热阻 θ_{JC} 是芯片结温与芯片管壳的热阻
建立时间	t_S	μs	从输入阶跃信号开始,到输出完全进入指定误差范围的时间
电源抑制比	PSRR	dB	该参数用来衡量在电源电压变化时运算放大器保持其输出不变的能力,电源抑制比通常用电源电压变化时所导致的输入失调电压的变化量表示
共模抑制比	CMRR	dB	运放的差模电压增益与共模电压增益的比值

参数	符号	单位	定义描述
压摆率	SR	V/μs	闭环放大器输出电压变化的最快速率
相位裕量	φ_M	°	在运放开环增益中,当运放的开环增益下降到 1 时,开环相移值减去－180°得到的数值
增益裕度	A_{VO}	dB	是指在放大器开环增益与频率曲线中,当开环相移下降到－180°时,增益 dB 值取负(或者是增益值的倒数)所得到的值
电源电流	I_{SY}	mA	在指定电源电压下器件消耗的静态电流
输入电压范围	V_{SY}	V	也称为共模输入电压范围,是指运算放大器正常工作时,所允许的最大输入电压的范围

运算放大器的噪声由低频噪声和白噪声两部分组成。低频噪声又称为 $1/f$ 噪声,它的频谱密度与频率的算术平方根成反比。白噪声主要产生在中频和高频段中。

5.4.1　仪表放大器

仪表放大器是一种精密差分电压放大器,它源于运算放大器但性能优于运算放大器。它通常具有很高的输入阻抗、非常高的开环增益、非常大的共模抑制比、低噪声、低失调漂移、低线性误差、增益可以灵活设置等优点。

仪表放大器内部结构通常由 3 个独立的运算放大器,即两级差分放大器电路和一级输出放大器配以高精度电阻组成,其典型电路如图 5-11 所示。其中,运算放大器 A_1、A_2 实现信号缓冲和放大,保证仪表放大器的高输入阻抗,为同相差分输入方式,减小电路对微弱输入信号的衰减;运算放大器 A_3 放大差模信号输入信号,同时抑制两个输入端的共模信号,提高共模抑制比。在理想化的情况下($R_1 = R_2$,$R_3 = R_4$),电路的增益为:

$$G = \frac{(1+2R_1) \cdot R_f}{R_g} \cdot R_3 \tag{5-18}$$

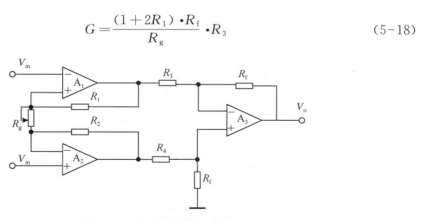

图 5-11　仪表放大器示意图

由公式可见,电路的增益调节可以通过改变 R_g 来实现。仪表放大器通常应用于传感器的第一级,用于将测量传感器的微弱信号放大、精密电压电流变换等场合。这些特点使其在数据采集、传感器信号放大、高速信号调节以及医疗仪器方面应用广泛。

5.4.2　音/视频放大器

音频放大器是在产生声音的输出元件上重建输入的音频信号的设备,其重建的信号音量和功率级都要理想——如实、有效且失真低。其音频范围为 20～20 000 Hz,有 A 类、B 类、AB 类、C 类、D 类、E 类、F 类、G 类、H 类、S 类等十余种类型,但适合于音频应用的只有 A 类、B 类、AB 类和 D 类 4 种。主要应用于 MP3、掌上电脑、手机、笔记本电脑等便携式多媒体设备中。

视频放大器是一种用于放大视频信号并增强视频的亮度、色度、同步信号的设备。当视频传输距离比较远时,最好采用线径较粗的视频线,同时可以在线路内增强视频放大器的信号强度以达到远距离传输的目的。

高性能视频放大器多采用电压反馈型运算放大器。电压反馈型放大器(Voltage Feed Back Amplifier,VFBA)与电流反馈型放大器(Current Feed Back Amplifier,CFBA)的区别在于两种电路的拓扑结构不同,电压反馈型放大器多用在低频信号应用中,采用互补型 NPN 管工艺制作;电流反馈型放大器同相输入端阻抗高,反相输入端阻抗极低,压摆率限制低,多用在高频信号中。

5.5　比较器

比较器是能够实现对两个或多个数据项进行比较,以确定它们是否相等,或确定它们之间大小关系及排列顺序的电路或装置。由于比较器输出的是数字信号,因此可以被看作是一个 1 位的模数转换器。运算放大器在不加负反馈时从原理上讲可以用作比较器,但由于运算放大器的开环增益非常高,因此它只能处理输入差分电压非常小的信号。

电压比较器是对输入信号进行鉴别与比较的电路,是组成非正弦波发生电路的基本单元电路。常用的电压比较器有单限比较器、滞回比较器、窗口比较器、三态电压比较器等。

电压比较器可以看作是放大倍数接近无穷大的运算放大器。其功能为比较两个电压的大小(用输出电压的高或低电平表示两个输入电压的大小关系):当"＋"输入端电压高于"－"输入端时,电压比较器输出为高电平;当"＋"输入端电压低于"－"输入端时,电压比较器输出为低电平。电压比较器可工作在线性工作区和非线性工作区:工作在线性工作区时其特点是虚短、虚断;工作在非线性工作区时其特点是跳变、虚断。由于电压比较器的输出只有低电平和高电平两种状态,因此其中的集成运放常工作在非线性区。从电路结构上来看,运放常处于开环状态,为了使电压比较器输出状态的转换更加快速,以提高响应速度,一般在电路中接入正反馈。

5.6 模数转换器

模数转换器(Analog to Digital Converter,ADC 或 A/D)是将连续变量的模拟信号转换为离散的数字信号的器件。比如仪器仪表、伺服电动机等应用经常需要将温度、湿度、压力、速度、角速度、流量、位移等模拟量信号转换成数字量信号进行采样处理。常见的 ADC 架构有逐次逼近型(SAR)ADC、流水线型 ADC、双积分型 ADC、Σ-Δ 型 ADC 等几种类型。流水线型 ADC 转换器主要用在转换速度要求很快而精度要求不是太高的场合;双积分型 ADC 转换器有较强的抑制噪声能力,在对转换速度要求不高的一些场合(例如在数字电压表中)应用广泛。

(1) 逐次逼近型(SAR)ADC

其内部结构主要由采样保持放大器、模拟比较器、参考数模转换器和逐次逼近型寄存器 4 个部分组成。在 ADC 芯片上电和初始化后,采样保持开关闭合和断开,输入模拟信号获得输入电压信号,比较器用来判断输入模拟信号和数模转换器(DAC)电压信号的大小,如果 DAC 输出信号大于输入模拟信号,那么逐次逼近型寄存器关闭最高有效位;如果 DAC 输出信号小于输入模拟信号,那么逐次逼近型寄存器则会保持开启状态,通过多次比较的方式,直到 ADC 的转换结束时输出一个数字信号。

若逐次逼近型 ADC 的分辨率为 N bit,则其内部是由 N 个按照二进制加权排列的电容组成的阵列。为提高逐次逼近型 ADC 的总体转换速度,降低内部 DAC 的建立时间对速度的影响,目前逐次逼近型 ADC 多数采用电荷重分配的输入结构,将采样保持与 DAC 合为一体。逐次逼近型 ADC 的主要优点是低功耗、高采样率。现代的逐次逼近型 ADC 和高采样精度,采样率通常在几 kHz 到几十 MHz,分辨率通常为 8~16 bit,也有 18 bit 或更高采样精度。其工作原理如图 5-12 所示。

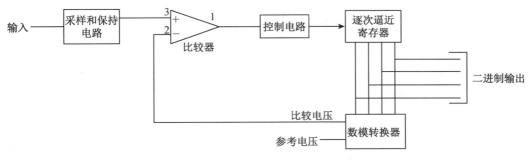

图 5-12 逐次逼近型 ADC 的工作原理图

（2）∑-Δ 型 ADC

以一阶∑-Δ 型 ADC 为例,如图 5-13 所示,它由积分器、比较器、1 位数/模转换器、时钟以及数字滤波和整形电路组成,其工作原理是,通过对输入模拟信号进行过采样,信号调制、噪声整形、数字滤波以及数字输出等步骤,其核心在于将模拟信号的连续变化量转化为数字信号的离散变化量,同时利用过采样和噪声整形技术提高信噪比。

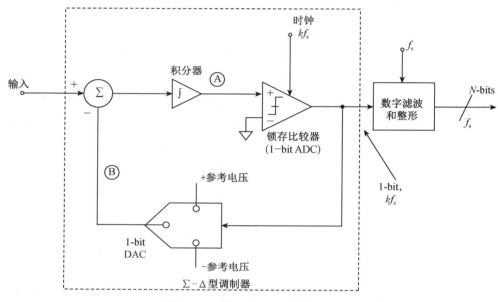

图 5-13 ∑-Δ 型 ADC 内部框图

① 模拟信号输入:模拟信号被输入∑-Δ ADC 的输入端。这个模拟信号可以是来自传感器、放大器、滤波器等外部电路的输出信号。

② 过采样:∑-Δ ADC 以远高于奈奎斯特频率的采样频率对输入信号进行采样。这样做的好处是可以将量化噪声分散到更宽的频率范围内,从而降低噪声在信号带宽内的功率,提高信噪比。

③ ∑-Δ 信号调制:采样后的信号经过∑-Δ 调制器处理。在这个过程中,调制器会将采样信号与高频时钟信号进行比较,生成一个高速的 1 bit 数据流。这个数据流反映了输入信号的幅值变化。

④ 噪声整形:∑-Δ 调制器还利用噪声整形技术将低频噪声搬移到信号带宽外的高频处,从而进一步减小信号带宽内的噪声功率。

⑤ 数字滤波:经过∑-Δ 调制后的 1 bit 数据流会被送入数字滤波器进行处理。数字滤波器滤除含有噪声的高频部分,保留低频部分的信号,从而得到低噪声、高精度的数字信号。

⑥ 数字输出:最后,经过数字滤波器处理后的数据被输出为高精度的数字信号,这个信号代表了原始模拟信号的数值。

采样定理为模数转换提供了理论基础,Σ-Δ 型 ADC 与奈奎斯特采样定理之间存在密切的关系。奈奎斯特采样定理,也称为香农采样定理,是 1928 年由美国人奈奎斯特(Harry Nyquist)提出的,1948 年克劳德·香农对这个定理加以说明并正式应用。采样定理解释了采样率和被测信号频率之间的关系,即为了不失真地恢复模拟信号,采样率必须大于模拟信号中最高频率的 2 倍,即 $f_s > 2f_N$。

在 Σ-Δ 型 ADC 中,采样频率远高于奈奎斯特频率,这实际上是对采样定理的一种扩展应用。过采样具体指的是采样频率为 kf_s,一个 1 bit ADC 的信噪比为 7.78 dB(6.02+1.76),Σ-Δ 转换器采用噪声整形技术使得每 4 倍过采样可提高 6 dB 的信噪比。

模数转换器的基本参数主要包括分辨率、有效位数、积分非线性、微分非线性、信噪比、电源抑制比等,这些是衡量模数转换器性能的重要指标。

失调误差漂移:指环境温度引起的失调误差变化,单位为 ppm/℃。

增益误差漂移:指环境温度引起的增益误差变化,单位为 ppm/℃。

增益一致性:表示多通道 ADC 中所有通道增益的匹配程度。为计算增益的一致性,向所有通道施加相同的输入信号,然后记录最大的增益偏差,通常用 dB 表示。

电源抑制比(PSRR):是衡量一个电路或系统对输入电源噪声的抑制能力的一个重要参数。当输入电源电压发生变化时,PSRR 反映了输出信号的变化量与输入电源变化量的比值。PSRR 越大,说明电路对电源噪声的抑制能力越强,输出信号受电源噪声的影响就越小。

共模抑制比(CMRR):指器件抑制两路输入共模信号的能力。共模信号可以是交流或直流信号,或者是两者的组合。CMRR 是指差分信号增益与共模信号增益的比值。

模数转换器输出的二进制码值中包含的位数,称为输出分辨率,习惯上称为多少位模数转换器。模拟输入信号的幅值是连续的,而模数转换器的输出码值是有限的,一个 N 位的模数转换器只有 2^N 个码值被输出,输入范围的最大值称为满量程,用 V_{FS} 表示,每个码值对应的模拟量大小称为最低有效位,用 LSB 表示,$LSB = \dfrac{V_{FS}}{2^N}$,LSB 越小表示数模转换器对模拟信号的变化越敏感。

5.7 数模转换器

数模转换器,又称 D/A 转换器,简称 DAC,它是把数字量转变成模拟量的器件。D/A 转换器基本上由 4 个部分组成,即权电阻网络、运算放大器、基准电源和模拟开关。数模转换有两种转换方式：并行数模转换和串行数模转换。

DAC 主要关注的性能参数如表 5-5 所示。

表 5-5　DAC 的主要参数表

参数	参数指标注释
分辨率	指 DAC 能分辨最小输出电压与最大输出电压的比值
通道数	可以同时输出的模拟信号的通道数
积分非线性	指全信号范围内输出电压值与理想值之间的最大误差，是数模转换器的重要指标，其值越小越好
差分非线性	指相邻两个数字信号对应的输出电压差与理想的电压差的最大误差，是数模转换器的重要指标，其值越小越好
增益误差	指输出和输入信号之间的关系曲线的斜率与理想斜率之间的误差，其值越小越好
建立时间	从输入由全 0 突变为全 1 时开始，输出模拟量稳定到相应数值范围内所经历的时间，这段时间称为建立时间，它是 DAC 的最大响应时间，建立时间越短，转换速度越快
供电电压范围	保证芯片正常工作的电源电压范围，范围越大说明芯片适用范围越广
静态电流	芯片工作时消耗的电源电流，数值越小越好
工作温度范围	保证芯片正常工作的温度范围，范围越大说明芯片适用范围越广

数据来源：东吴证券研究所。

5.8　以太网芯片

以太网是一种计算机局域网技术，1983 年，电气与电子工程师协会（IEEE）组织的 IEEE 802.3 标准制定了以太网标准，规定了以太网物理层和数据链路层协议的内容。2013 年，第一代以太网标准 100 Base-T1 产生，其传输速率可达 100 Mb/s。2016 年的 1000 Base-T1 标准将以太网的传输速率标准提升至 1000 Mb/s。

以太网物理层的硬件主要包括线束（包括连接器）和设备两个层面，以太网线束主要由双绞线或光纤传输，设备包括网卡、网关、物理层芯片等。数据链路层定义了在单个链路上如何传输数据，最关键的技术就是介质访问控制，它的作用是通过载波侦听多路访问和集中式轮询访问方式来实现数据的发送和接收，这种访问方式确保了以太网的数据有序和高效传输。数据链路层分为上层逻辑链路控制和下层介质访问控制。

以太网是一种用于局域网的计算机网络技术。以太网交换机是一种用于连接不同的网络设备的核心设备，如计算机、服务器、路由器等，以实现数据的传输和通信。

以太网的物理层芯片工作于 OSI 网络模型的最底层,是以以太网有线传输为主要功能的通信芯片,用于连接数据链路层的设备到物理媒介,并为设备之间的数据通信提供传输媒体,处理信号的正确发送与接收。因此,物理层芯片承担了将线缆上的模拟信号和设备上层的数字信号相互转换的职能,以此实现以太网网络中不同设备之间的连接。

以太网物理层芯片广泛应用于数据通信、汽车电子、消费电子、监控设备及工业控制等领域。以太网物理层芯片主要集中在欧美和中国台湾厂商手中,如博通、美满电子、瑞昱、TI、高通和微芯半导体等公司。

以太网交换机芯片的主要功能是实现数据包的转发和交换。当数据包到达以太网交换机时,芯片会根据目标设备的 MAC 地址将数据包转发到对应的端口,从而实现设备之间的通信。此外,以太网交换机还支持虚拟局域网(VLAN)功能,将不同的设备分组,以提高网络性能和安全性。

5.9　接口器件

接口器件作为模拟芯片的一个重要分类,主要负责电子系统之间的信号传输,封装了满足各种协议标准的接口协议。根据功能和应用场景的不同,模拟接口器件可以进行多种分类。

按照功能可分为数据接口、传感器接口以及通用接口;按照技术特性可分为高速接口、低功耗接口以及高集成度接口;按照传输介质可分为有线接口和无线接口。此外,还有部分如光纤接口、射频接口等特殊类型的接口器件,接口器件的分类和应用详细见表 5-6 所示。

表 5-6　接口器件分类表

分类维度	接口类别	详细说明
功能和应用	数据接口	用于实现数据的传输,如 USB 接口、HDMI 接口、RJ45 接口、SATA 接口等
	通信接口	主要用于实现电子设备之间的通信和数据传输,如 RJ45 网线接口、SIM 卡接口等
	音频接口	主要用于音频信号的传输和连接,如耳机接口、麦克风接口等
	视频接口	主要用于视频信号的传输和连接,如 HDMI 接口、Display Port 接口等
	电源接口	主要用于为电子设备提供电力供应,如 Type-C 接口等
	计算机接口	主要用于计算机与外部设备连接,如以太网接口,USB 接口,RS-485 接口,RS-232 接口等
	特殊类型接口	用于其他特殊应用的接口器件,如光纤接口、传感器接口、射频接口,其他特殊类型的接口器件等

分类维度	接口类别	详细说明
传输介质	有线接口	包括双绞线接口器件、同轴电缆接口器件和光纤接口器件等。双绞线用于局域网和传统电话网;同轴电缆用于传送基带数字信号和宽带信号;光纤则利用光导纤维传输光脉冲进行通信
	无线接口	主要指无线传输接口器件,如 Wi-Fi、蓝牙等无线通信模块的接口器件,通过空气等自由空间进行数据传输

接口器件的详细分类可以从多个维度进行。接口器件按照功能可分为数据接口、音频接口、视频接口、电源接口、通信接口以及计算机接口等;按照传输介质可分为有线接口和无线接口等;此外,还有一些特殊类型的接口器件,如光纤接口、射频接口等,它们具有特定的应用场景和传输需求,下面对常见的 CAN 接口和以太网接口的应用和功能作重点介绍。

(1)接口器件按功能和应用分类

数据接口:主要用于数据的传输,如 USB 接口、HDMI 接口、SATA 接口等。

音频接口:主要用于音频信号的传输和连接,如耳机接口、麦克风接口等。

视频接口:主要用于视频信号的传输和连接,如 HDMI 接口、DisplayPort 接口等。

电源接口:主要为电子设备提供电力供应,如 Type-C 接口等。

通信接口:主要用于网络通信或移动通信,如 RJ45 接口(网线接口)、SIM 卡接口等。

计算机接口:主要用于计算机与外部设备的连接,如以太网接口、USB 接口、RS-232 接口、RS-485 接口等等。

(2)接口器件按传输介质分类

有线接口:如前面提到的 USB、HDMI、SATA 等,都是通过有线方式进行数据传输。

无线接口:如蓝牙、Wi-Fi 等,通过无线方式进行数据传输。

5.9.1　CAN 接口

1986 年,德国博世公司为解决现代汽车中众多控制单元、测试仪器之间的实时数据交换而开发了一种控制域网络(Controller Area Network,CAN)串行通信协议。CAN 接口是连接 CAN 总线和设备之间的桥梁,它负责将设备发送的数据转换为 CAN 总线上的信号,并将 CAN 总线上的信号转换为设备可以识别的数据。CAN 接口是一种高性能、高可靠性的通信协议,已经被广泛应用于汽车电子系统、工业自动化控制系统等领域。

CAN 总线使用串行数据传输方式，它主要基于差分信号传输，通过 CAN_H 和 CAN_L 两条信号线上的电压差来表示逻辑状态。CAN 总线结构符合 ISO 11898-2 和 ISO 11898-3 标准，分别规定了高速 CAN 总线和低速 CAN 总线。高速 CAN 总线的通信速率为 125 kb/s～1 Mb/s，通信总线长度≤40 m，低速 CAN 总线的通信速率为 10～125 kb/s，当传输速率为 40 kb/s 时，总线距离可达到 1000 m。

CAN 接口标准定义了物理层和数据链路层，其中 CAN-bus 规范了消息格式、帧结构、数据传输速率和电气特性等。常用的 CAN 接口标准有 CAN 2.0A 和 CAN 2.0B。其中，CAN 2.0A 适用于速率为 1 Mb/s 的低速通信，使用 11 位标识符来表示消息的优先级；而 CAN 2.0B 支持速率高达 1 Mb/s 的高速通信，并使用 29 位标识符。

CAN FD 可以理解成 CAN 协议的升级版，主要区别在于传输速率不同、数据长度不同、帧格式不同，CAN FD 提高了 CAN 总线的网络通信带宽，同时可以保持网络系统大部分软硬件特别是物理层不变。

5.9.2　以太网接口

以太网接口是以太网的物理层和 MAC 层的连接点，是一种高性能、高灵活性和可扩展性的网络通信接口，它主要用于传输数据，是一种通用的串行通信协议。以太网接口是网络设备之间进行通信的重要桥梁，广泛应用于各种计算机网络环境中。

以太网接口有多种类型，包括 SC 光纤接口、RJ-45 接口、FDDI 接口、AUI 接口、Console 接口等。其中，RJ-45 接口是我们日常生活中最常见的以太网接口，这种接口使用双绞线作为传输介质，通过物理层和数据链路层实现计算机之间的数据交换。在物理层，以太网接口将数字信号转换为模拟信号，并通过电流、电压等方式进行传输；在数据链路层，数据被分割成较小的帧，并添加帧头和帧尾等控制信息，以确保数据的可靠传输和接收。

以太网接口支持高速数据传输，常见的以太网标准如 10BASE-T、100BASE-TX 和 1000BASE-T 分别代表了 10 Mb/s、100 Mb/s 和 1 Gb/s 的传输速率。这种高速传输能力使得以太网接口成为现代计算机网络中不可或缺的一部分。

在工业领域对以太网连接器的性能要求较高，如使用温度范围、抗震性、耐潮性、防水防尘性、抗电磁干扰能力等。为了满足这些需求，工业以太网连接器的防护等级、传输速度、易操作性等性能不断提高。

5.9.3　RS485/RS232 接口

RS485 和 RS232 都是常见的串行通信接口标准，它们被广泛应用于数据通信领域。

RS485 接口是一种差分信号传输的接口标准，有两线制和四线制两种接线，四线制只能实现点对点的通信,现很少采用,多采用的是两线制总线接线方式,这种接线方式为总线式拓扑结构,在同一总线上最多可以连接 128 个收发器。它使用双线差分信号传输数据,可以有效抵抗外界干扰,提高信号传输的稳定性,RS485 的数据最高传输速率为 10 Mb/s,传输距离最远可以达 1200 m。这种接口标准具有高传输速率、长距离传输和低成本等优点,因此在工业自动化、楼宇自动化等领域得到了广泛应用。

RS232 标准接口是常用的串行通信接口标准之一,是单端信号传输的接口标准,它使用单根信号线进行数据传输,因此容易受到外界干扰,传输距离也相对较短。不过,RS232 接口具有简单、成本低等优点。

5.10 隔离器件

隔离器件可以分为光耦隔离芯片和数字隔离芯片两种。最传统的隔离方式是采样发光二极管、发光接收器以及放大电路组成的光耦隔离。光耦隔离通过光电效应实现输入和输出之间的电气隔离,但存在发光二极管光衰、高频信号传输限制、温度敏感性和寿命问题以及可靠性差等缺点。相比传统光耦隔离,数字隔离芯片是尺寸更小、速度更快、功耗更低的新一代隔离器件,并且拥有更高的可靠性和更长的寿命。

数字隔离又分为磁耦隔离和电容耦合隔离。磁耦隔离器由 ADI 设计开发的一款适合高压环境的隔离电路。它是一种基于芯片尺寸的变压器,传输速度快,可靠性高。电容耦合采用电容做信号传输,实现较为简单。国内的元器件生产企业大多采用电容耦合方案。光耦隔离、电容隔离、电磁隔离的示意图如图 5-14、图 5-15、图 5-16 所示。

图 5-14　光耦隔离　　　　图 5-15　电容隔离　　　　图 5-16　磁耦隔离

(1) 光耦隔离:通过电到光到电的形式进行信号传输。

(2) 电容隔离:采用高频信号调制解调的方式将输入信号通过电容隔离之后传输出去。

(3) 磁耦隔离:主要利用电磁感应原理实现信号的隔离与传输。

ADI 的 iCoupler 技术是压变器耦合技术(又称磁隔离技术)的引导者。iCoupler 磁隔离变压器采用平面结构,中间是一个微米级的聚酰亚胺层隔离层,磁隔离技术消除了与光耦合器相关的不确定的电流传送比率、非线性传送特性以及光衰和随温度漂移问题。

表 5-7 隔离器件的应用和分类表

隔离类别	分类	功能	原理	应用
数字信号隔离芯片	数字隔离器、隔离通倍接口（CAN、RS485、RS232）	实现数字信号在电气隔离条件下的安全、可靠传输功能	通过光电耦合、电磁耦合或电容耦合等技术，在输入与输出之间建立电气隔离屏障，同时保持信号的完整性和高速传输能力	数据总线、以太网隔离、电力系统保护与控制、BMS、电机控制等
隔离采样芯片	电压采样、电流采样、ADC 采样、隔离放大器	对模拟信号进行电气隔离，并实现信号采样和转换功能	在电气隔离的基础上，利用高精度模数转换器对模拟信号进行采样，并通过数字信号处理技术实现信号的转换和传输功能	光伏逆变、UPS 电源、车载充电机、充电桩、电力系统监测等
隔离驱动芯片	单管驱动、半桥驱动	实现信号的隔离和驱动功能，保护控制电路与外部负载之间的电气隔离	通过内部电路将输入信号转换为能够驱动外部负载（如电机、继电器等）的信号，同时保持输入与输出之间的电气隔离	电机控制、电源管理、充电桩等
集成隔离功能电源或接口芯片	集成信号和电源隔离、集成信号和接口隔离、综合集成功能隔离	集成电源管理电路、接口转换以及电气隔离技术等综合功能	结合电源管理技术、接口转换技术和隔离技术，提供一体化的解决方案，确保了信号或电源在不同电气区域之间传输时的安全性和稳定性	CAN 总线接口、LIN 总线接口、RS-485/RS-232 接口、以太网接口等

　　TI 等公司生产的电容耦合数字隔离器与增强型数字隔离器在高工作电压、低辐射、低功耗、低成本以及高效率上具有优势。国内如苏州纳芯微、荣湃半导体、上海川土微等，都推出了不少高性能指标的电容耦合数字隔离器产品。

5.11　射频与微波

　　射频（Radio Frequency，RF）电路是一种用于处理射频信号的电路，主要负责信号的传输、处理和接收。射频电路的工作频率高，一般在 300 kHz～300 GHz 的范围内，射频电路的衡量指标有功率、频谱带宽、噪声和非线性等参数。射频电路的工作频率决定了其应用场景,如88~108 MHz调频广播,2G、3G、4G和5G通信,2.4G Wi-Fi和蓝牙,以及几十兆赫频率的毫米波、太赫兹波的应用。射频信号具有易于集聚成束、高度定向性以及直线传播的特性,可用来在无阻挡视线的自由空间传输高频信号。微波频率比一般的无线电波频率高,通常也称为超高频电磁波。

射频集成电路主要包括功率放大器电路,低噪声放大器电路,对射频信号进行频率变换的混频器电路,对接收和发射信号进行分离的双工器电路,对不同频段信号进行滤波的滤波器电路、调制解调器电路,以及时钟信号振荡器电路等。

为了适应远程通信对高频、弱信号接收的要求,下面介绍一种超外差接收机,其原理框图如图5-17所示。超外差接收机的工作原理是利用本振源信号和输入信号在混频器中混频,将输入信号频率转换为某个预先确定的频率。在超外差接收机中,天线接收到900 MHz的射频信号,首先经过带通滤波器选出所需频率,再经过低噪放进行信号放大。接下来,信号进入混频器与第一本振LO1信号进行混频,得到240 MHz中频信号,中频信号通过带通滤波器和低噪声放大后,再经过混频器与第二本振源LO2信号进行混频下变频得到10.7 MHz中频信号,最后经过带通滤波器和低噪声放大后输出到解调器通道。

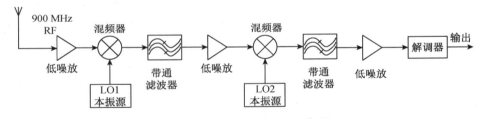

图5-17 超外差接收机原理框图

由于RF信号具有大的动态范围,因此超外差结构是指将射频输入信号与本振信号相乘或差拍,即由混频器后的中频滤波器选出射频信号与本振信号频率两者的和频或差频,当射频信号频率在毫米波时,可以采用图5-17所示的二次变频方法,以保证接收机的灵敏度。

混频器是将信号从一个频率转换到另一个频率的无源或有源器件,它可以用来调制或解调信号,通常由射频(RF)输入端、本振(LO)输入端以及中频(IF)输出端3个端口组成。当混频器输入频率为f_{RF}的射频信号时,将它和本振信号频率为f_{LO}的信号进行混合后,会产生包含和频分量和差频分量的中频输出信号,分别是和频信号($f_{RF}+f_{LO}$)、差频信号($f_{RF}-f_{LO}$)。当使用和频信号作为中频时,混频器叫做上变频器,通常用于发射通道;当使用差频信号作为中频时,混频器叫做下变频器,通常用于接收通道。有源混频器又被分为双平衡混频器、单平衡混频器和非平衡混频器等;无源混频器又被分为双平衡无源混频器、单平衡无源混频器和开关混频器等，混频器已经被广泛应用于通信、毫米波雷达等领域中。

滤波器的基本电路由电阻、电容和电感等组成，其功能是去除和屏蔽选定的频率段以外的信号，得到选定频率段内有用的信号，一般用于信号的传递和处理。滤波器的种类按照功能可以分为模拟滤波器、数字滤波器；按照频率响应方式可以分为高通滤波器、低通滤波器、带通滤波器以及带阻滤波器等。如声表面波滤波器（Surface Acoustic Wave，SAW）、BAW 滤波器等，通常关注的重要指标有截止频率、插入损耗、通带带宽、品质因数、幅频特性等。

振荡器是一种频率可调的电路，将直流电转化为交流电。通常可分为环形振荡器、RC 振荡器和 LC 振荡器几种。振荡器的性能指标主要有振荡频率、相位噪声、频率稳定度、品质因数等，主要应用于无线电通信、传感器等领域。

影响低噪声放大器的指标有很多，比如噪声系数、增益、线性度、带宽、功耗、互调失真、1 dB 压缩点和三阶交调点等。噪声系数（Noise Figure，NF）是用于确定器件如何降低其输入端信噪比的标准，单位用分贝（dB）来表示，数学定义 $\mathrm{NF} = \dfrac{\mathrm{SNR_{in}}}{\mathrm{SNR_{out}}} = 20\ln\dfrac{S_i/N_i}{S_o/N_o}$，其中$S_i/N_i$ 是输入信噪比，S_o/N_o 是输出信噪比，低噪放设计时通常综合考虑噪声系数和功耗。

5.12 微机电系统

微机电系统（Micro-Electro-Mechanical System，MEMS），也叫微电子机械系统、微系统、微机械等，指尺寸为几毫米乃至更小的高科技装置。MEMS 侧重于超精密机械加工，涉及微电子、材料、力学、化学、机械学诸多学科领域。它的学科面涵盖微尺度下的力、电、光、磁、声、表面等物理、化学、机械学的各分支。

MEMS 可分为 MEMS 传感器和 MEMS 执行器两类，其中传感器是主要用于检测和探测物理、化学、生物等信号的器件，包括微型麦克风、加速度仪、陀螺仪等产品。执行器是主要用于实现机械运动、力和扭矩等功能的器件，包括微型扬声器、滤波器、喷墨打印头等。

从产品结构来看，目前全球排名前五的 MEMS 传感器细分领域为射频、压力、麦克风、加速计和陀螺仪，占比接近 65%。其中 MEMS 压力传感器是微机械技术中最成熟的产品，在汽车电子、工业控制和消费电子等领域得到广泛应用。MEMS 产品分类及应用见表 5-8。

表 5-8 MEMS 产品分类及应用表

分类	产品类型	主要产品/功能	应用示例
MEMS 传感器	惯性传感器	加速度计、陀螺仪、惯性传感组合	VR 游戏、导航控制
	压力传感器	压力传感器	胎压监测、高度测量
	声学传感器	微型麦克风、超声波传感器	手机麦克风、助听器
	环境传感器	气体传感器、湿度传感器、PM$_{2.5}$ 传感器、温度传感器	温度感应、气象监测
	磁学传感器	霍尔效应传感器、各向异性磁阻传感器、巨磁阻传感器、隧道磁阻传感器	智能手机指南针
	光学传感器	红外光谱、被动红外及热电堆	光线检测、微辐射热计、指纹识别
MEMS 执行器	MEMS 光学开关	自动聚焦、光具座	光通信、高速光开关
	MEMS 微流控	喷墨打印头、生物芯片	喷墨打印机、生物检测
	MEMS 射频	开关、滤波器、谐振器	声表面滤波器、MEMS 谐振器
	MEMS 谐振器	时钟电路	手机时钟源
	MEMS 微镜	医疗成像	数字投影仪、内窥镜

5.13 时钟芯片

时钟信号是集成电路运转的节拍器,有点像人类身体的脉搏。时钟信号可以按照一定的时间间隔发出连续的脉冲信号,两次脉冲信号之间的时间间隔称为一个时钟周期,在单位时间内所产生的脉冲个数称为时钟信号的频率。时钟器件分为有源时钟和无源时钟两类。有源时钟只要外部提供电源即可产生振荡信号;而无源时钟通常只是一个石英晶体,需要与外部搭建的电路结合才能产生振荡信号。

时钟发生器是用来产生稳定的时钟信号的器件,常用于数字产品中,产品中所有的组件将随着所产生的时钟信号同步进行运算动作。数字产品必须有时钟的控制,才能精确处理数字信号。若时钟不稳定,轻则造成数字信号传送上的失误,重则导致数字设备无法正常运作。其主要作用是为主板提供初始化时钟信号,让主板能够启动;即时提供主板正常运行时各种总线需要的时钟信号,以协调内存芯片的时钟频率。时钟芯片能够产生稳定的时钟信号,提供准确的时间基准,以保证主系统数字设备的正常运行。

石英晶体容易受到半导体材料的纯度和均匀度、信号传输介质及传输距离上噪声干扰等因素的影响,导致时钟信号质量下降,抖动加大。高速数据通信和 5G 通信网络为了降低误码率,需要保持尽可能低的系统抖动和时钟抖动,需要各种时钟芯片,如时钟发生器、时钟缓冲芯片、时钟同步芯片、时钟去抖芯片、锁相环(PLL)和实时时钟芯片,详细如表 5-9 所示。

表 5-9　时钟源类别及分类表

时钟源类别	细分类别	频率准确度水平	对应等级
精密钟	精密钟	10^{-6}	四级钟
振荡电路	RC 振荡电路	—	四级钟
	LC 振荡电路	10^{-6}	四级钟
晶体	石英晶体	10^{-6}	四级钟
晶体振荡器	普通晶振	$10^{-5}\sim10^{-6}$	四级钟
	音叉晶振	$10^{-5}\sim10^{-6}$	四级钟
	温度补偿晶振(TCXO)	$10^{-6}\sim10^{-8}$	三级钟
	恒温晶振(OCXO)	$10^{-7}\sim10^{-10}$	二级钟、三级钟
原子钟	氢、铯原子钟	10^{-12}	一级钟

国际的主要时钟芯片企业有爱普生(Epson)、瑞萨(Renesas)、微芯(Microchip)、德州仪器(TI)、亚德诺半导体(ADI)、思佳讯(Skyworks)等,国产时钟芯片公司有宁波奥拉微电子、大普技术、赛思电子、有容微、上海锐星微、南京极景微等。

5.14　本章小结

现实世界的信号如声音、光线、运动(位移、速度和加速度)、温度、压力等都是以连续信号出现的,经传感器转化为模拟信号后,再经过放大、滤波、采样等处理,处理后的模拟信号既可以通过数据转换器输出到数字系统进行处理,又可以直接输出到执行器。模拟信号是在时间和幅值上都连续的信号,数字信号则是在时间和幅值上都不连续的信号,模拟类芯片是用于处理模拟信号的集成电路。

与数字类芯片相比,模拟类芯片对芯片制程的要求相对较低,主要以 8 in 或个别 12 in 产线,0.18 μm/0.13 μm 及以上的成熟制程为主。模拟类芯片技术门槛高,具有高信噪比、低失真、低功耗、高可靠性等特点,同时其高速、高频信号转换和处理技术门槛非常高,中国的模拟类芯片自给率还很低,国内厂商在模拟和信号链产品领域需要不断追赶国际厂商,缩减性能差距。过去几年是国产集成电路发展黄金期,中国本土模拟类芯片厂商以消费电子为切入点,不断加强布局工业行业、汽车电子等领域。

5.15　思维拓展

真空二极管发明

真空二极管的发明是电子技术发展史上的一个重要里程碑,这个发明的故事与美国科学家爱迪生和英国电机工程师弗莱明的努力紧密相连。美国科学家爱迪生为了寻找电灯泡最佳灯丝材料,前前后后试用了包括碳化棉丝、碳化竹丝等6000多种材料,试验了7000多次。其中日本竹子所制碳丝最为实用,可持续点亮一千多个小时,到达了耐用的目的,这种灯称为"碳化竹丝灯"。1883年,爱迪生在真空电灯泡内部碳丝附近安装了一小截铜丝,期望这能帮助他找到更好的灯丝材料。然而,试验结果并未如他所预期,但他观察到一个有趣的现象:没有与电路直接相连的铜丝,却因接收到碳丝发射的热电子而产生了微弱的电流。这个现象被爱迪生记录下来,但他当时并没有意识到这个发现的重要性,只是将其作为一个未找到实际应用的专利进行了申报,这个现象被称为"爱迪生效应"。

几年后,英国电机工程师弗莱明深入研究"爱迪生效应",并经过反复试验发现,如果在真空灯泡里装上碳丝和铜板,分别充当阴极和屏极,那么灯泡里的电子就能实现单向流动。1904年弗莱明成功研制出一种能够充当交流电整流和无线电检波的特殊灯泡,这就是世界上第一只二级电子管。这种二极管具有单向导电性,他称之为"热离子阀",具有检波和整流功能。

真空二极管的发明标志着电子技术的诞生,为后续的电子设备和电子产品的发展奠定了基础。这个故事不仅展示了科学家们的探索精神和创新思维,而且揭示了科学技术发展的曲折历程。

第六章

功率半导体器件

功率半导体器件通常又被称为电力电子器件,是专门用来进行功率处理的半导体器件,是电力电子技术的基础,也是构成电力电子变换装置的核心器件。这些器件主要起着功率转换、功率放大、功率开关、逆变和整流等作用。功率半导体器件可以根据基材的不同进行分类,如以硅基半导体为基材的功率二极管、晶闸管、功率三极管等,以及以宽禁带材料半导体为基材的碳化硅、氮化镓半导体功率器件。

随着硅基功率器件及其工艺的成熟,其性能已经逐步逼近材料极限,而第三代宽禁带半导体材料具有临界击穿电场强度、高电子饱和速率、耐高温、抗辐射等优势,如碳化硅(SiC)、氮化镓(GaN)等材料。氮化镓在功率半导体领域以功率放大、整流和高频电路切换等应用为主,应用于 300 V～1 kV 的中压电力电子市场。碳化硅适合应用于高于 1 kV 的高压和大电流电力电子领域,如电动汽车充电桩、车载充电系统、800 V 高压主逆变器等。

6.1　功率半导体器件介绍

常见的功率半导体器件主要有以下几种分类。

功率二极管:这是一种只允许电流单向通过的器件,常用于整流电路,将交流电转换为直流电。

双极性结型晶体管(Pipolar Junction Transistor,BJT),也被称为三极管,它可以作为电流放大器或电子开关使用。BJT 有三个端子:发射极、基极和集电极,通过控制基极电流可以调控集电极和发射极之间的电流。

金属氧化物半导体场效应晶体管(Metal Oxide Semiconductor Field Effect Transistor,MOSFET),这是一种电压控制的单极型晶体管,具有高输入阻抗和低驱动功率的优点。它适用于高频和高功率应用。

硅控整流器(Silicon Controlled Rectifier,SCR),是第一代半导体电力电子器件的代表,具有可控的单向导电特性,由于其开通后不能自行关断,控制灵敏度较低,对控制电压和电流的要求较高,开关过程中会产生电磁干扰等缺点,因此 SCR 已经逐渐被更先进的电力电子器件所取代。

晶闸管,是一种四层三端的半导体器件,具有可控的单向导电性。它常用于电力控制系统中,作为无触点开关来快速接通、切断或调节电路中的电流。

栅极可关断晶闸管(Gate Turn-off Thyristor,GTO),这是一种可以通过栅极控制来关断的晶闸管。与传统的晶闸管相比,GTO 提供了更高的控制灵活性。

绝缘栅双极晶体管(Insulated Gate Bipolar Transistor,IGBT),IGBT 结合了 BJT 和 MOSFET 的优点,具有高电流密度、低饱和压降和高速开关等特点。它是现代电力电子系统中的关键元件。

集成栅极环流晶闸管(Integrated Gate Commutated Thyristor,IGCT),是一种高性能的功率半导体开关器件,结合了晶闸管的低损耗特性和 GTO 的关断能力。它适用于中压和高功率应用。

发射极关断晶闸管(Emitter Turn-Off Thyristor,ETO),是由 GTO 和 MOSFET 混合而成功率器件,通过低电压 MOS 管的栅极电压来控制其导通和关断,控制简单且精确。

按照器件能够被控制的程度,可将功率半导体器件分为三种:

(1)不可控器件:是不能通过控制信号来控制其通断的功率半导体分立器件,因此不需要驱动电路,如电力二极管、功率二极管等,器件的导通和关断完全是由其在主电路中承受的电压和电流决定的。

(2)半控型器件:可以通过信号控制其导通但是不能控制其关断的功率半导体分立器件,如晶闸管及其大部分派生器件,器件的关断完全是由其在主电路承受的电压和电流决定的。

(3)全控型器件:可以通过信号控制其导通和关断的功率半导体分立器件,又称自关断器件。如绝缘栅双极晶体管 IGBT、金属氧化物半导体场效应晶体管 MOSFET、门极可关断晶闸管等。

功率半导体器件的控制极有栅极、基极等不同类型,因此功率半导体器件可以分为电流控制型和电压控制型器件两种:

(1)电流控制型器件:控制极的控制信号是电流的流入或流出,如 SCR、GTO。

(2)电压控制型器件:控制极的控制信号是电压,控制极损耗的电流很小,如 IG-BT、MOSFET。

6.2　不可控功率分立器件

二极管是用半导体材料(硅、硒、锗等)制成的一种电子器件,是诞生于 20 世纪 50

年代的半导体器件之一,几种二极管符号见图 6-1。二极管具有单向导电性,即给二极管阳极和阴极加上正向电压时,二极管导通;当给阳极和阴极加上反向电压时,二极管截止。因此,二极管的导通和截止相当于开关的接通与断开。

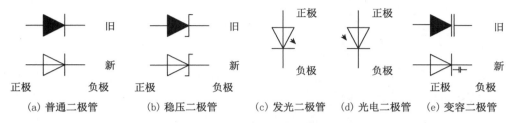

|(a) 普通二极管|(b) 稳压二极管|(c) 发光二极管|(d) 光电二极管|(e) 变容二极管|

图 6-1　各类二极管符号

二极管的主要特性为:

(1)伏安特性:二极管具有单向导电性。

(2)正向特性:外加正向电压时,在正向特性的起始部分,正向电压很小,不足以克服 PN 结内电场的阻挡作用,正向电流几乎为零,这一区域就被称为死区。在死区内,正向电流几乎为零,二极管呈现出高阻态。

(3)反向特性:外加反向电压不超过一定范围时,通过二极管的电流是少数载流子漂移运动所形成的反向电流。由于反向电流很小,因此二极管处于截止状态。这个反向电流又称为反向饱和电流或漏电流,二极管的反向饱和电流受温度影响很大。

(4)击穿特性:外加反向电压超过某一数值时,反向电流会突然增大,这种现象称为电击穿。引起电击穿的临界电压称为二极管反向击穿电压。电击穿时二极管失去单向导电性。反向击穿按机理分为齐纳击穿和雪崩击穿两种。

(5)反向电流:PN 结在常温(25 ℃)和最高反向电压作用下,流过二极管的电流即为反向电流。

(6)动态电阻:也称为交流电阻,定义为在某一静态工作点(即某一固定的电压和电流值)附近,电压变化量与由此引起的电流变化量之比。

(7)电压温度系数:温度每升高 1 ℃时的稳定电压的相对变化量。

6.2.1　光电二极管

光电二极管,又称光敏二极管,是一种能够将光信号转换成电流或者电压的光探测器(图 6-2)。当光照射到光电二极管 PN 结上时,光子的能量会被半导体材料吸收并激发出电子空穴对,这些载流子在 PN 结内建电场的作用下分离,从而形成电流。其他敏感类二极管的原理与之类似,如温敏二极管、磁敏二极管、压敏二极管等。

图 6-2　光电二极管

发光二极管(LED)是一种常用的发光器件,由含镓(Ga)、砷(As)、磷(P)、氮(N)等的化合物制成。其特点为:安全、节能、环保、寿命长、响应快、体积小、结构牢固。发光二极管作为一种半导体发光器件在照明、显示屏、汽车车灯等多个领域有着广泛的应用。

6.2.2　稳压二极管

稳压二极管也被称为齐纳二极管,是一种特殊的半导体二极管,其工作原理基于PN结的反向击穿特性。稳压二极管的结构与普通二极管相似,都包含P型半导体和N型半导体形成的PN结。然而,稳压二极管在制造过程中采用了特殊的掺杂工艺,使得其PN结具有独特的反向击穿特性。当加在稳压二极管两端的反向电压增加到一定数值(即反向击穿电压)时,PN结的反向电阻会急剧减小,反向电流迅速增大,但此时二极管两端的电压却基本保持不变。这种特性使得稳压二极管能够在反向击穿状态下提供稳定的电压输出,从而实现稳压功能。

6.2.3　肖特基二极管

以金属和半导体接触形成的接触势垒为基础的二极管称为肖特基二极管(Schottky Barrier Diode,SBD)。肖特基二极管也称为肖特基势垒二极管,是一种热载流子二极管。肖特基二极管的优点:正向导通压降很低,反向恢复电荷非常少,故开关速度非常快,反向恢复时间很短(10~40 ns),开关损耗也特别小,尤其适合于高频应用。肖特基二极管的弱点在于当所能承受的反向压降升高时,其正向压降也会升高,因此通常应用于击穿电压小于200 V的低压场合,而且必须严格限制其工作温度。

6.2.4　快恢/超快恢二极管

快恢/超快恢二极管(Fast Recovery Diode,FRD),是一种具有开关特性好、反向恢复时间短等特点的半导体二极管。快恢复二极管的内部结构与普通PN结二极管不同,它属于PIN结型二极管,即在P型硅材料与N型硅材料中间增加了基区I,构成PIN硅片。因基区很薄,反向恢复电荷很小,所以快恢复二极管的反向恢复时间较短,正向压降较低,反向击穿电压(耐压值)较高。FRD的主要应用是与开关器件(例如GTO、IGBT等)结合,实现直流信号和交流信号的转换,作为高频整流二极管、续流二极管或阻尼二极管使用。

6.3　半控功率分立器件

常见的半控功率分立半导体主要是晶闸管及其派生器件。晶闸管是一种多层

P-N-P-N 器件。Moll 等人在 1956 年报道了详细的器件原理和第一个能工作的两端 P-N-P-N 器件。他们的工作成为以后晶闸管研究的基础。随后，Mackintosh、Aldrich 和 Holonyak 等人在 1958 年进行了采用第三端电极控制开关过程的研究。由于晶闸管有两个稳态(开态和关态)且在这两个状态下功耗很低，因而在家用电器的速度控制开关和高压输电线的各种应用方面具有优势。

晶闸管也叫可控硅，它由 4 层半导体叠压而成，分别为 P-N-P-N，共形成 3 个 PN 结，共有 3 个电极，分别为阳极(A)、阴极(K)和门极(G)。因为它可以像闸门一样控制电流，所以称之为"晶体闸流管"。晶体闸流管是最常用的功率型半导体控制器件之一，具有广泛的用途。

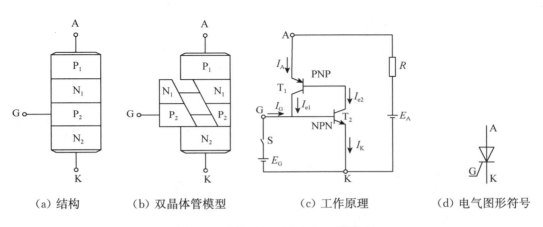

（a）结构　　　　（b）双晶体管模型　　　　（c）工作原理　　　　（d）电气图形符号

图 6-3　晶闸管模型及其工作原理图

如图 6-3(c)所示，可将晶闸管等效看成由 PNP 和 NPN 两个三极管连接而成，一个三极管的基极和另外一个三极管的集电极相连，阳极(A)相当于 PNP 的发射极，阴极(K)相当于 NPN 的发射极。在阳极 A 和阴极 K 之间加正向电压(组成主电路)，同时在控制极 G 和阴极 K 之间也加正向电压时(组成控制电路)，则可以导通晶闸管。晶闸管控制极的作用只是使晶闸管导通，而导通后，控制极就失去了作用，所以控制极 G 也称为门极。晶闸管的种类和规格有很多，适用于各种不同的场合。按引脚和极性可分为二极晶闸管、三极晶闸管和四极晶闸管；按封装形式可分为金属封装晶闸管、塑封晶闸管和陶瓷封装晶闸管；按电流容量可分为大功率晶闸管、中功率晶闸管和小功率晶闸管；按关断速度可分为普通晶闸管和快速晶闸管。

接下来我们将根据另一种分类方式，即按控制特性的不同对晶闸管做一个简单的介绍。

(1) 单向晶闸管，是指触发后只允许一个方向的电流流过的半导体器件，相当于一个可控的整流二极管。它被广泛应用于可控整流、交流调压、逆变器和开关电源电路中。

（2）双向晶闸管，是晶闸管的衍生器件，由 N-P-N-P-N 5 层组成，对外也引出 3 个电极。双向晶闸管相当于两个单向晶闸管的反向并联，但只有一个控制极。双向晶闸管的触发控制特性与单向晶闸管有很大不同，这就是无论在阳极和阴极间接入何种极性的电压，只要在它的控制极上加上一个触发脉冲，就可以使双向晶闸管导通。尽管从形式上可将双向晶闸管看成两个普通晶闸管的组合，但实际上它是由 7 个晶闸管和多个电阻构成的功率集成器件。

（3）逆导晶闸管，即反向导通晶闸管，是一种将普通晶闸管与一个反并联二极管集成在同一个管芯上的电力半导体器件。其特点是在晶闸管的阳极与阴极之间反向并联一个二极管，逆导晶闸管的伏安特性具有不对称性，正向特性与普通晶闸管相同，而反向特性与硅整流管的正向特性相同。

光控晶闸管又称光触发晶闸管，它是利用一定波长的光照信号代替电信号对器件进行触发。光控晶闸管的伏安特性和普通晶闸管一样，只是随着光照信号变强其正向转折电压逐渐变低。通常晶闸管有 3 个电极：控制极 G、阳极 A 和阴极 K。由于光控晶闸管的控制信号来自光的照射，没有必要再引出控制极，因此只有两个电极（阳极 A 和阴极 K），但其结构与普通晶闸管一样，是由 4 层 PNP 型器件构成的。不同功率半导体器件的市场应用见图 6-4。

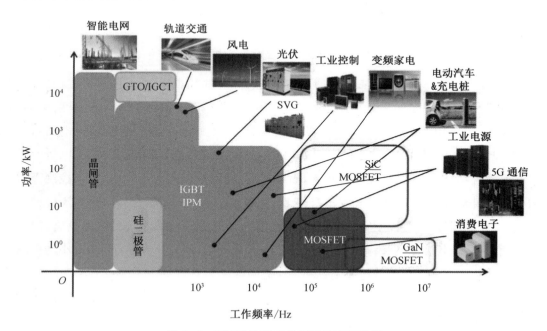

图 6-4　不同功率半导体器件的市场应用

6.4　全控功率分立器件

晶体管是一种固体半导体器件(包括二极管、三极管、场效应管、晶闸管等,有时特指双极型器件),具有检波、整流、放大、开关、稳压、信号调制等多种功能。晶体管作为一种可变电流开关,能够基于输入电压控制输出电流。

晶体管按材料可分为硅材料晶体管和锗材料晶体管;按晶体管的极性可分为锗 NPN 型晶体管、锗 PNP 型晶体管、硅 NPN 型晶体管和硅 PNP 型晶体管;按工艺可分为扩散型晶体管、合金型晶体管和平面型晶体管;按电流容量可分为小功率晶体管、中功率晶体管和大功率晶体管;按工作频率可分为低频晶体管、高频晶体管和超高频晶体管等;按封装结构可分为金属封装晶体管、塑料封装晶体管、玻璃壳封装晶体管、表面封装(片状)晶体管和陶瓷封装晶体管等;按功能和用途可分为低噪声放大晶体管、中高频放大晶体管、低频放大晶体管、开关晶体管、达林顿晶体管、高反压晶体管、带阻晶体管、带阻尼晶体管、微波晶体管、光敏晶体管和磁敏晶体管等。

双极性晶体管俗称三极管,是一种具有 3 个终端的电子器件,由三部分掺杂程度不同的半导体制成。按极性可以分为 PNP 和 NPN;按材料一般可以分为硅管和锗管;按额定功率可以分为大功率和小功率;按封装可以分为贴片和插件。

6.4.1　MOSFET

第一代电力电子技术的发展时间大致从 20 世纪 60 年代到 80 年代,以半控型晶闸管为核心器件。随着摩尔定律不断缩小制程线宽,MOSFET 经历了平面型、沟槽型、超级结、屏蔽栅功率型等不同结构(表 6-1),生产工艺从早期的 10 μm 制程迭代至 0.15 μm 制程,在功率密度、品质因数以及开关效率方面得到很大提升。功率器件的发明和迭代驱动着电力电子技术不断进步,到 80 年代后期,MOSFET、IGBT 等全控型功率器件被视为第二代电力电子技术。

表 6-1　MOSFET 工艺演进

面世时间	1970 年代	1980 年代	1990 年代	2000 年代
类型	平面型 MOSFET (planar)	沟槽型 MOSFET (trench)	超级结 MOSFET (super junction)	屏蔽栅 MOS (FET SGT)
元胞结构简图				

续表

面世时间	1970 年代	1980 年代	1990 年代	2000 年代
耐压范围	100～500 V 中低压（低频）	12～250 V 低压（高频）	500～900 V 高压（高频）	30～300 V 中低压（高频）
优缺点	芯片面积大，内阻大，耐压低，一致性好，抗冲击能力强	芯片面积小，内阻低，高耐压，一致性差，抗冲击能力弱	兼具高耐压特性和低导通电阻特性，易于驱动，损耗极低	更小的导通阻抗，开关损耗小，频率特性好，对沟槽工艺要求高

金属氧化物半导体场效应晶体管（Metal-Oxide-Semiconductor Field-Effect Transistor，MOSFET），是一种可以广泛使用在模拟电路与数字电路中的场效应晶体管（图6-5）。MOSFET 的种类和结构繁多，按照其导电沟道可以分为 P 沟道和 N 沟道，通常又称为 P MOSFET 和 N MOSFET。

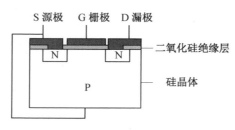

图 6-5　MOSFET 示意图

N MOSFET 是由 P 型衬底和两个高浓度 N 扩散区构成的 MOS 管。在一块掺杂浓度较低的 P 型硅衬底上，制作两个高掺杂浓度的 N＋区，并用金属铝引出两个电极，分别作为漏极 D 和源极 S；然后在半导体表面覆盖一层很薄的二氧化硅（SiO_2）绝缘层，在漏-源极间的绝缘层上再装上一个铝电极，作为栅极 G；在衬底上也引出一个电极 B，这就构成了一个 N 沟道增强型 MOS 管。它的栅极与其他电极间是绝缘的。

P MOSFET 在 N 型硅衬底上有两个 P＋区，分别叫做源极和漏极，两极之间不导通，栅极上加有足够的正电压（源极接地）时，栅极下的 N 型硅表面呈现 P 型反型层，成为连接源极和漏极的沟道。图 6-6、图 6-7 是两种不同封装的 MOSFET。

图 6-6　MOSFET 82 V/140A
（TO-263-2 封装）

图 6-7　MOSFET 650 V/21A
（TO-247-3 封装）

MOSFET 被广泛应用于电源和功率控制等领域，MOSFET 在使用中关注的几个主要参数有最大漏源电流（I_D）、最大脉冲漏源电流（I_{DM}）、导通电阻（$R_{DS(on)}$）、最大栅源电压（V_{GS}）、漏源击穿电压（$V_{(BR)DSS}$）、阈值电压（$V_{GS(th)}$）、栅极总充电电量 Q_g、上升时间 t_r、下降时间 t_f、输入电容 C_{iss}、输出电容 C_{oss}、反向传输电容 C_{rss} 等（见表 6-2）。根据具体应用选择合适的 MOSFET 至关重要，下面整理了一些 MOSFET 选型关注点：

表 6-2　金属氧化物半导体场效应晶体管（MOSFET）参数表

参数	名称	说明	单位
极限参数	最大漏源电流 I_D	指场效应管正常工作时，漏源间所允许通过的最大电流。场效应管的工作电流不应超过 I_D。此参数会随结温度的上升而有所减额	A
	最大脉冲漏源电流 I_{DM}	此参数会随结温度的上升而有所减额	A
	最大耗散功率 P_D	指场效应管性能不变坏时所允许的最大漏源耗散功率。使用时，场效应管实际功耗应小于 P_{DSM} 并留有一定余量。此参数一般会随结温度的上升而有所减额	W
	最大栅源电压 V_{GS}	指的是 MOSFET 栅极与源极之间所能承受的最大电压值	V
	最大工作结温 T_j	通常为 150 ℃ 或 175 ℃，器件设计的工作条件下应避免超过这个温度，并留有一定裕量	℃
	存储温度范围 T_{stg}	指的是 MOSFET 在不加电或未工作状态下，能够安全储存的温度范围	℃
静态参数	漏源击穿电压 $V_{(BR)DSS}$	指栅源电压 V_{GS} 为 0 时，场效应管正常工作所能承受的最大漏源电压。这是一项极限参数，加在场效应管上的工作电压必须小于 $V_{(BR)DSS}$。它具有正温度特性，故应以此参数在低温条件下的值作为安全考虑	V
	漏源击穿电压的温度系数 $\Delta V_{(BR)DSS} / \Delta T_j$	描述 MOSFET 的漏源击穿电压 $V_{(BR)DSS}$ 随温度变化的物理量。它表示温度每变化 1 ℃ 时，$V_{(BR)DSS}$ 的变化量	V/℃
	$R_{DS(on)}$	在特定的 V_{GS}（一般为 10 V）、结温及漏极电流的条件下，MOSFET 导通时漏源间的最大阻抗。此参数决定了 MOSFET 导通时的消耗功率，一般会随结温度的上升而有所增大。故应以此参数在最高工作结温条件下的值作为损耗及压降计算	Ω
	开启电压（阈值电压）$V_{GS(th)}$	当外加栅极控制电压 V_{GS} 超过 $V_{GS(th)}$ 时，漏区和源区的表面反型层形成了连接的沟道。应用中，常将漏极短接条件下 I_D 等于 1 μA 时的栅极电压称为开启电压。此参数一般会随结温度的上升而有所降低	V
	饱和漏源电流 I_{DSS}	栅极电压 $V_{GS} = 0$，V_{DS} 为一定值时的漏源电流	μA
	栅源驱动电流或反向电流 I_{GSS}	由于 MOSFET 输入阻抗很大，I_{GSS} 一般在纳安级	nA

续表

参数	名称	说明	单位
动态参数	跨导 g_{fs}	是指漏极输出电流的变化量与栅源电压变化量之比,是栅源电压对漏极电流控制能力大小的量度	S
	栅极总充电量 Q_g	是指为导通(驱动)MOSFET 而注入栅极的电荷量,这个电荷量决定了 MOSFET 的导通状态	nC
	栅源充电量 Q_{gs}	表示栅极与源极之间充放电所需的电荷量	nC
	栅漏充电量 Q_{gd}	表示栅极与漏极之间由于米勒效应(Miller Effect)而产生的额外电荷量	nC
	导通延迟时间 $t_{d(on)}$	指从栅极-源极电压升高到超过 V_{GS} 的 10%,到漏极-源极电压达到 V_{DS} 的 90% 的时间	ns
	关断延迟时间 $t_{d(off)}$	指从栅极-源极电压降至 V_{GS} 的 90% 以下,到漏源电压达到 V_{DS} 的 10% 的时间	ns
	上升时间 t_r	指漏极-源极电压从 V_{DS} 的 90% 降至 10% 所需的时间	ns
	下降时间 t_f	指漏极-源极电压从 V_{DS} 的 10% 升至 90% 的时间	ns
	输入电容 C_{iss}	$C_{iss} = C_{dg} + C_{gs}(C_{ds}$ 短路)	pF
	输出电容 C_{oss}	$C_{oss} = C_{ds} + C_{gd}$	pF
	反向传输电容 C_{rss}	$C_{rss} = C_{gd}$	pF
雪崩击穿特性参数	雪崩击穿能量 E_{AS}	雪崩击穿时的最大允许损耗能量	mJ
	雪崩电流 I_{AS}	雪崩状态下允许通过的最大峰值电流	A
热阻	$R_{\theta JC}$	结点到外壳的热阻,$R_{\theta JC} = \dfrac{T_J - T_C}{P}$	K/W
	$R_{\theta JA}$	结点到周围环境的热阻,$R_{\theta JA} = \dfrac{T_J - T_A}{P}$	K/W
体内二极管参数	正向导通压降 V_{DS}	正向电流施加到体二极管时,源极和漏极之间的电压	V
	反向恢复时间 T_{rr}	在规定的测量条件下,体二极管执行反向恢复操作时,反向恢复电流消失所需要的时间	ns
	反向恢复充电量 Q_{rr}	在反向恢复过程中,体二极管中释放的总电荷量	μC

(1) 选择 N 沟道 MOSFET 还是 P 沟道 MOSFET?

① 通常 N 沟道 MOSFET 导通电阻更小,允许通过的电流更大,比较适用于电源的正激、反激、推挽、半桥、全桥等拓扑电路应用。

② 从电路结构来看,当 MOSFET 连接到总线及负载接地时,就要用高压侧开关,出于对电压驱动的考虑,通常选用 P 沟道 MOSFET;当 MOSFET 接地,而负载连接到干线电压上时,就构成了低压侧开关,此时应当选择 N 沟道 MOSFET。另外 N MOS-

FET 通常可以选择的型号更多,选择范围更大。

(2) 选择导通电阻 $R_{DS(on)}$

① $R_{DS(on)}$ 和导通损耗直接相关, $R_{DS(on)}$ 越小,功率 MOSFET 的导通损耗越小、效率越高、工作温升越低。

② $R_{DS(on)}$ 决定了导通时的消耗功率,是正温度系数, $R_{DS(on)}$ 电阻值会随着 MOSFET 温度上升而增大,选择时需要留有余量。

③ $R_{DS(on)}$ 小的 MOSFET 通常成本比较高,在实际电路设计中可以通过优化驱动电路、改进散热等方式,选用 $R_{DS(on)}$ 较大一些的低成本器件。

(3) 选择 $V_{(BR)DSS}$

① $V_{(BR)DSS}$ 指的是栅源电压 V_{GS} 为 0 时,场效应管正常工作所能承受的最大漏源电压。加在场效应管上的工作电压必须小于 $V_{(BR)DSS}$。由于 $V_{(BR)DSS}$ 具有正温度特性,故在实际的应用中要结合此参数在低温条件下的值作为安全考虑。

② 由于 MOSFET 的雪崩电压通常是 $V_{(BR)DSS}$ 的 1.2~1.3 倍,而且持续的时间通常都是微秒,甚至毫秒级,因此在选择 $V_{(BR)DSS}$ 时需要留有足够的余量,通常可取功率 MOSFET 耐压值为最大输入电压 $V_{(in)MAX}$ 的 1.3~1.5 倍。

(4) 选择最大漏源电流 I_D

① I_D 指的是 MOSFET 正常工作时,漏源间所允许流过的最大电流,反映 MOSFET 带负载能力,超过这个值可能会因为超负荷导致 MOSFET 损坏。

② I_D 电流具有负温度系数,电流值会随结温的上升而降低,因此应用时需要考虑高温时的 I_D 值能否满足要求。

③ I_D 电流参数选择时,需要考虑连续工作电流和电涌带来的尖峰电流,以确保 MOSFET 能够承受最大的电流值。

(5) 选择栅极阈值电压 $V_{GS(th)}$

① 当外加栅极控制电压 V_{GS} 超过 $V_{GS(th)}$ 时,漏区和源区的表面反型层形成了连接的沟道。常将漏极短接条件下 I_D 等于 $1\,\mu A$ 时的栅极电压称为阈值电压。

② $V_{GS(th)}$ 具有负温度系数,此参数一般会随结温的上升而降低,选择参数时需要综合考虑。

③ 不同电子系统选取 MOSFET 的阈值电压 $V_{GS(th)}$ 并不相同,需要根据系统的驱动电压,选取合适阈值电压的 MOSFET。

④ 阈值电压越高抗干扰性能越强,可以减少尖峰脉冲造成的电路误触发。

(6) 选择寄生电容/栅电荷

① 影响开关性能的参数:输入电容 C_{iss}、输出电容 C_{oss}、反向传输电容 C_{rss},这些电容在工作时重复充放电产生开关损耗,导致 MOSFET 开关速度下降,效率降低。

② 栅极总充电量 Q_g、栅源充电量 Q_{gs}、栅漏充电量 Q_{gd}，在开关电路工作时，容容上的电荷会随着电压变化，因此设计栅极驱动电路时需要考虑栅极电荷的影响。

（7）热设计

① 半导体器件的损坏，都是最终转化成热能到热破坏，要确保 MOSFET 工作在安全状态，关注封装的半导体 PN 结与环境之间的热阻，以及最高的结温。耗散功率与电流大小和占空比、$R_{DS(on)}$、结温等多种因素相关，要注意瞬时功率不能超过器件允许值，否则会因瞬时结温过高而损坏。

② 通常手册给出的最大允许结温为 150 ℃，设计人员需充分考虑最坏情况和真实情况。器件的结温每升高 40～50 ℃，器件的失效率就会提高一个数量级，建议采用最坏情况下的计算结果，以确保系统不会失效。

③ 要充分考虑热阻的影响，如器件结到壳的热阻、壳到环境的热阻、壳到绝缘基片的热阻、绝缘基片本身的热阻、绝缘基片到散热器的热阻、散热器本身的热阻、散热器到环境的热阻。如果系统允许，那么尽量加大散热器尺寸和选用更好的散热方式，以提升系统的工作稳定性。

（8）芯片封装

MOSFET 的封装形式多样，不同封装尺寸的 MOS 管具有不同的热阻和耗散功率，在系统设计时要考虑温升、结构尺寸、环境温度、功耗或散热条件限制等，并确保在功率 MOSFET 管的温升和系统效率的前提下，选取参数的封装更通用的型号。MOSFET 常见的插入式封装类型有：TO-220、TO-251、TO-247、TO-220F、TO-92 等，表面贴装式封装类型有：TO-263、TO-252、SOP-8、SOT-23、TOLL、DFN 等。

6.4.2　绝缘栅双极晶体管

绝缘栅双极晶体管（Insulated Gate Bipolar Transistor，IGBT），可看作由金属氧化物半导体场效应晶体管（Metal-Oxide Semiconductor Field-Effect Transistor，MOSFET）和双极性结型晶体管（Bipolar Junction Transistor，BJT）组成的一种复合全控型电压驱动式功率半导体器件。IGBT 是一个三端器件，正面有发射极和栅极，背面是集电极。IGBT 的开关作用是通过加正向栅极电压形成沟道，给 PNP 晶体管提供基极电流，使 IGBT 导通；反之，加反向门极电压消除沟道，切断基极电流，使 IGBT 关断。IGBT 既具有 MOSFET 开关速度快、输入阻抗高、驱动电路简单的特点，又具备了 BJT 导通电压低、通态电流大、损耗小的优点。

作为一种新型电力电子器件，IGBT 有单管、模块和智能功率模块 IPM 三种类型。IGBT 特别适用于 600 V 以上的高电压、大电流、高功率电力电子系统，是大功率工业控制及自动化领域的核心元器件。从应用上分类，IGBT 单管主要应用于小功率家用电器、光伏逆变器及小功率变频器等领域;IGBT 模块主要应用于大功率工业变频器、电焊机、新能源汽车电机控制器、充电桩等领域;智能功率模块 IPM 主要在变频空调等白色家电领域有广泛应用。IGBT 已经成为电力电子领域开关器件的主流器件,不同功率器件的参数对比如表 6-3 所示。

表 6-3 BJT、MOSFET 和 IGBT 性能对比表

	BJT	MOSFET	IGBT
驱动方式	电流	电压	电压
导电电荷	电子、空穴	电子	电子
导通损耗	低	高	中
驱动电路	复杂	简单	简单
输入阻抗	低	高	高
导通电阻	小	大	小
电流密度	大	小	大
驱动功率	高	低	低
流通能力	高	低	中
开关速度	慢	快	中
使用频率	低频(<10 kHz)	高频(100~500 kHz)	中频(10~100 kHz)
安全工作区	窄	宽	宽
饱和电压	低	高	低
耐压性	高	低	高
热稳定性	低	高	高

自 20 世纪 80 年代发展至今,IGBT 芯片经历了七代技术及工艺的升级,从平面栅+穿透型(PT)到微沟槽+场截止型,当前已经在第八代技术中升级(表 6-4)。IGBT 对芯片面积、工艺线宽、通态饱和压降、关断时间、功率损耗等各项指标都进行了不断的优化,断态电压从 600 V 提高到 7000 V,关断时间从 0.5 μs 降低至 0.12 μs,工艺线宽由 5 μm 降低至 0.3 μm。

表 6-4 IGBT 技术发展路线表

代数	IGBT1	IGBT2	IGBT3	IGBT4	IGBT5	IGBT6	IGBT7
年份	1988	1997	2001	2007	2013	2017	2018
类型	平面栅+穿透	改进平面栅+穿透	沟槽栅+场截止	沟槽栅非穿透	沟槽栅+场截止+表面覆铜	沟槽栅+场截止	微沟槽+场截止

技术	PT	PT	Trench-FS	NPT	NPT-PS	NPT-PS-Trench	NPT-FS-Trench
芯片面积（相对值）	100	56	40	31	27	24	20
功率密度/（kW/cm²）	30	50	70	85	110	170	250
饱和电压/V	3.7	3.1	2.1	2	1.7	1.5	1.4
开通延时时间/μs	0.3	0.28	0.16	0.06	0.3	0.08	0.15
常见后缀	—	DLC，KF2C，S4	T3，E3，L3	T4，E4，P4	E5，P5	S6，H6	T7，E7
特点	工艺复杂，成本高，不利于并联	利于并联，器件损耗低、温升明显	性能更加优化，饱和电压低，关断时的损耗低	进一步降低开关损耗，增加输出电流	芯片结构经过优化厚度进一步减小	导通损耗低，开关损耗低	可实现最高175 ℃的智能工作结温

IGBT 模块是由 IGBT 与续流二极管芯片（FRD）通过特定的电路桥接封装而成的模块化半导体产品。当 IGBT 关断时,反向续流二极管为感性负载中的电流提供续流路径,防止高电压尖峰的产生,从而保护 IGBT 和其他电路元件。IGBT 单管和模组示意图如图 6-8、图 6-9 所示。IGBT 模块化的封装形式大致分为四类:

（1）单独的 IGBT,一个 IGBT 和 FRD 封装在一个模块上,容量为 15～400 A,400～1200 V。

（2）单独半桥 IGBT,两个 IGBT 和 FRD 封装在一个模块上,容量为 15～75 A,500～1000 V。

（3）单独全桥 IGBT,六个 IGBT 和 FRD 封装在一个模块上,容量为 18～32 A,400～500 V。

（4）三相全桥 IGBT,容量为 15～100 A,400～1200 V。

图 6-8　650 V/75 A IGBT 单管

图 6-9　1200 V/600 A IGBT 模组

6.5　保护器件

电子电路在工作过程中很容易遇到过电压、过电流、浪涌、静电等情况的电路损坏。常见的电路保护主要有两种形式：过压保护和过流保护。电路保护最常见的器件为：气体放电管（GDT）、压敏电阻（MOV）和瞬态电压抑制器（TVS）。

气体放电管（GDT）是一种开关型保护器件。当两极间电压足够大时，放电管两极间就会产生电弧，内部气体电离产生"负电阻特性"，两极间的间隙将被放电击穿，由原来的绝缘状态转化为导电状态，此时放电管两端电压迅速下降，放电电流开始增大，两电极开始导通。导电状态下两极间维持的电压很低，一般为 20～50 V，因此可以起到保护后级电路的作用。当外界流过气体放电管的电流下降到维持电弧所需的最小电流值以下时，电弧熄灭，气体放电管恢复到阻断状态。

气体放电管的响应时间在保护器件中是最慢的，通常在毫秒之间，压敏电阻或瞬态电压抑制器的响应时间要比气体放电管快很多。气体放电管的通流量比压敏电阻和瞬态电压抑制器要大，气体放电管与瞬态电压抑制器等保护器件合用时应使大部分的过电流通过气体放电管泄放，因此气体放电管一般用于防护电路的最前级，其后级的防护电路由压敏电阻或瞬态电压抑制器组成。气体放电管使用寿命相对较短，多次冲击后性能会下降。

防雷器件中应用最广泛的是陶瓷气体放电管，其最大的特点是通流量大，级间电容小，绝缘电阻高，击穿电压可选范围大。无论是直流电源的防雷器件还是各种信号的防雷器件，陶瓷气体放电管都能起到很好的防护作用。常见的气体放电管按照构造可分为二极气体放电管和三极气体放电管。二极气体放电管有两个电极，它们被惰性气体隔开。当加在电极上的电压超过气体的击穿电压时，气体会电离，形成一个导电通道，电流流过。三极气体放电管除了阳极、阴极两个主电极外，还有一个接地电极。

压敏电阻（MOV）是一种随电压变化的非线性电阻器，是一种限压型保护器件。压敏电阻的响应时间为纳秒级，比气体放电管快，比瞬态电压抑制器稍慢一些。在正常工作情况下，MOV 的典型漏电流为 10 mA 量级，结电容为几百到几千皮法。当电压升高到超过 MOV 阈值时，就会使其中一个分布式齐纳二极管产生雪崩，压敏电阻可以将电压钳位到一个相对固定的电压值，从而实现对后级电路的保护。

MOV 作为一种钳位器件，可以大量吸收瞬变能量。压敏电阻的失效模式主要是短路，当通过的过电流太大时，也可能造成阀片被炸裂而开路。压敏电阻使用寿命较短，多次冲击后性能会下降。因此由压敏电阻构成的防雷器长时间使用后存在维护及更换的问题。

瞬态电压抑制器(TVS)利用器件的非线性特性,将过电压箝位到一个较低的电压值,实现对后级电路的保护,是一种用于吸收静电放电能量,保护系统不受到静电、浪涌电压损害的限压保护器件。瞬态电压抑制器的响应时间可以达到皮秒级,是限压型浪涌保护器件中最快的。瞬态电压抑制器的结电容根据制造工艺的不同大体可分为两种类型:高结电容型瞬态电压抑制器的结电容一般在几百至几千皮法的数量级,低结电容型瞬态电压抑制器的结电容一般在几十皮法数量级。瞬态电压抑制器主要关注反向击穿电压、最大钳位电压、响应时间、瞬间功率、结电容等参数。

TVS的工作原理是:当电路出现瞬态电压并超过 TVS 击穿电压时,TVS 迅速由高阻状态变为低阻状态,泄放瞬时过电流到地,并将过电压箝位到预定水平,从而起到对后级电路的保护作用。TVS 具有响应时间短、箝位电压低、脉冲功率大、通流量小、体积小等优点。TVS 的非线性特性比压敏电阻好,当通过 TVS 的过电流增大时,TVS 的箝位电压上升速度比压敏电阻慢,因此可以获得比压敏电阻更理想的残压输出。

在很多需要精细保护的电子电路中,应用 TVS 是比较好的选择。TVS 广泛用于半导体及精细电路的保护,或陶瓷气体放电管之后的二级保护电路。直流电源的防雷电路使用 TVS 时,一般还需要与压敏电阻等通流量大的器件配合使用。但当通过的过电流太大时,也可能造成 TVS 炸裂,从而导致开路,失效模式主要是短路。

6.6 第三代半导体

第一代半导体材料发明于 20 世纪 50 年代,以硅(Si)、锗(Ge)为代表,该类材料产业链已经成熟,技术储备完善且制作成本较低,因其储量较为丰富,制备工艺成熟,在现阶段仍然被广泛应用,在整个行业中 95% 以上的半导体器件由硅材料制成。第一代半导体材料属于间接带隙,主要用于芯片和分立器件制造。

第二代半导体材料发明于 20 世纪 90 年代,以砷化镓(GaAs)和磷化铟(InP)等为代表,第二代半导体材料属于直接带隙,物理性能上与第一代半导体材料相比有了明显的进步,主要用于制作高速、高频、大功率以及发光电子器件,比如微波通信、光通信、光电器件和卫星导航等领域。

第三代半导体是以碳化硅(SiC)和氮化镓(GaN)为主的宽禁带半导体材料,具有击穿电场高、饱和电子速度高、热导率高、电子密度高、迁移率高、可承受大功率等特点,其能源转换效率能达到 95% 以上。

三个阶段的半导体材料特性差异对比表见表 6-5 所示。

表 6-5　三个阶段半导体材料特性差异对比表

半导体发展阶段	半导体材料	特性差异
第一阶段 （20 世纪 50 年代～80 年代）	硅（Si） 锗（Ge）	1. 制造成本低； 2. 技术成熟度较高； 3. 窄带隙； 4. 电子迁移率和击穿电场低
第二阶段 （20 世纪 90 年代～21 世纪初期）	砷化镓（GaAs） 磷化铟（InP）	相比于第一代半导体，第二代半导体具有高频、抗辐射、耐高温的特性
第三阶段 （21 世纪～至今）	氮化镓（GaN） 碳化硅（SiC） 氧化锌（ZnO）	相比于第一代、第二代半导体，第三代半导体具有禁带宽度更宽，击穿电场更高，导热率更高，电子饱和速率更高，抗辐射能力更高等特点

6.6.1　碳化硅

碳化硅是由碳元素和硅元素通过共价键结合形成的化合物，是 IV-IV 族半导体化合物。碳化硅具有多种晶体结构，主要包括立方碳化硅（3C-SiC）、六方碳化硅（4H-SiC）和另一种六方碳化硅（6H-SiC）等，它是一种宽禁带半导体材料。

碳化硅材料的禁带宽度达 3.3 eV，远高于传统硅材料的 1.12 eV，碳化硅材料具有临界磁场高、电子饱和度高以及热导率高的特点，其器件结构有天生的耐高温能力，适合于制作高温、高频、高热导率以及抗辐射的大功率器件。

（1）碳化硅衬底

碳化硅衬底是制造碳化硅基电子器件的基础材料，根据其导电性能，可分为导电型衬底和半绝缘型衬底两种。

导电型衬底：导电型衬底通过同质外延生长技术，可以在其上生长出高质量的碳化硅外延层，进而制成各种功率器件。导电型衬底材料通常具有较低的电阻率，这使得它非常适合用于高压、高频、高温的电力电子应用中，这类器件的典型代表包括碳化硅肖特基二极管、碳化硅金属氧化物半导体场效应晶体管等。

半绝缘型衬底：半绝缘型衬底通过异质外延生长技术，可以在其上生长出氮化镓等其他材料的外延层，适用于氮化镓外延及微波射频器件的制造，这类器件主要用于 5G 通信、基站功率放大器上。

（2）碳化硅外延片

碳化硅器件不能直接制作在碳化硅单晶材料上，外延片必不可少。碳化硅外延片是在碳化硅衬底上通过外延生长技术制成的薄膜材料。根据外延层的晶体结构和掺杂元素的不同，碳化硅外延片可分为多种类型。例如，按照晶格堆垛结构的不同，常见的碳化硅外延片包括 3C-SiC、4H-SiC 和 6H-SiC 等类型;按照掺杂元素的不同,可分为 N 型、P 型和 PN 多层碳化硅外延片等。

　　碳化硅外延的生长方法有化学气相沉积法(CVD 法)、液相外延法(LPE 法)、分子束外延生长法(MBE 法),其中化学气相沉积法是制备碳化硅外延层的方法中较为成熟的方法。三种外延层生长方法的优缺点对比见表 6-6。

表 6-6　三种外延层生长方法的优缺点对比表

方法	优点	缺点
液相外延法/LPE 法	设备需求简单、成本较低	很难控制好外延层的均匀性和厚度,设备不能同时多片外延晶圆,限制批量生产
分子束外延生长/MBE 法	生长温度低、表面光滑、掺杂精确	设备真空要求度高、成本高昂、生长外延层速率慢
化学气相沉积/CVD 法	可精确控制掺杂浓度和生长速率	面临高温工艺和设备复杂度的问题

6.6.2　氮化镓

　　氮化镓是一种由镓和氮元素组成的化合物半导体材料,是一种Ⅲ-Ⅴ族化合物,属于宽禁带半导体范畴。它的禁带宽度高达 3.4 eV,远高于传统硅材料的 1.12 eV。它能够发出蓝色或更短波长的光,是半导体照明(如 LED)和光电子器件(如激光器)的核心材料。此外,氮化镓还具备电子迁移率高、击穿电压高、热导率高等优异性能,这些特性使其在高频、高功率电子器件领域具有独特的优势。

　　(1)氮化镓衬底

　　氮化镓器件的衬底主要包括硅(Si)、碳化硅(SiC)、蓝宝石(Al_2O_3)以及氮化镓(GaN)自身等几种类型。

　　① 硅基氮化镓(GaN-on-Si)

　　硅基氮化镓是指将氮化镓薄膜生长在硅衬底上的技术。硅与氮化镓之间存在较大的晶格失配和热失配问题,这可能导致氮化镓薄膜在生长过程中产生裂纹和缺陷,影响器件性能。因此,硅基氮化镓的制备技术需要不断优化和改进。

　　② 碳化硅基氮化镓(GaN-on-SiC)

　　碳化硅基氮化镓是指将氮化镓薄膜生长在碳化硅衬底上的技术。碳化硅具有高热导率、高硬度、高化学稳定性等优点,与氮化镓之间的晶格失配和热失配相对较小。因此,碳化硅基氮化镓在射频器件领域具有显著优势。缺点是碳化硅衬底的成本较高。

　　③ 蓝宝石基氮化镓(GaN-on-Sapphire)

　　蓝宝石基氮化镓是指将氮化镓薄膜生长在蓝宝石衬底上的技术。蓝宝石具有优异的机械性能和化学稳定性,且成本相对较低。然而,蓝宝石与氮化镓之间的晶格失配较大,这可能导致氮化镓薄膜在生长过程中产生较大的应力和缺陷。

④ 氮化镓基氮化镓(GaN-on-GaN)

氮化镓基氮化镓是指将氮化镓薄膜生长在氮化镓衬底上的技术。这种技术可以实现高质量的氮化镓薄膜生长,因为衬底和薄膜之间的晶格匹配度极高。然而,氮化镓衬底的成本也相对较高,且制备工艺复杂。因此,氮化镓基氮化镓主要用于高端电子器件和光电子器件的制备。

(2) 氮化镓外延片

氮化镓外延片是氮化镓器件制备的关键环节之一。外延片的质量直接影响器件的性能和可靠性。目前,氮化镓外延片的制备主要采用气相法和熔体法两大类方法。

气相法是指通过气相反应在衬底上生长氮化镓薄膜的方法。气相法又可分为氢化物气相外延法(HVPE)、气相传输法等。

熔体法是指通过熔融状态的氮化镓直接生长外延片的方法。熔体法又可分为高压氮气溶液法(HNPSG)、助溶剂法/溶盐法、氨热法、提拉法等。

6.6.3　第三代半导体市场应用

功率器件是电子装置中电能转换与电路控制的核心,主要用于改变电子装置中电压和频率、直流交流转换等。碳化硅和氮化镓器件在高压、大电流、高温、高频率、低损耗等独特优势,将极大地提高现有硅基功率器件的能源转换效率。

相同规格的碳化硅基 MOSFET 与硅基 MOSFET 相比,其尺寸可大幅减小至原来的 1/10,导通电阻可降低至原来的 1/100,总电能损耗可降低 70%。其主要应用领域包含电动汽车、轨道交通以及航空航天等,功率半导体的频率和功率范围见图 6-10 所示。

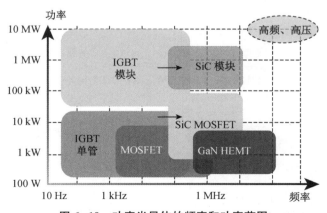

图 6-10　功率半导体的频率和功率范围

碳化硅和氮化镓作为第三代半导体材料,各自具有独特的优势和应用领域。碳化硅在高压、高温环境下表现出色,适用于电力电子和高温电子器件。而氮化镓则在高频、高功率应用方面具有优势,广泛应用于射频通信和光电子器件。

目前全球碳化硅器件主要有意法半导体、英飞凌、Wolfspeed、罗姆等公司。国内碳化硅各环节已实现全产业链布局,衬底环节厂商包括天岳先进等;外延厂商包括瀚天天成、东莞天域等;设计厂商包括上海瀚薪;IDM厂商则有三安光电、时代电气、华润微电子、士兰微电子等。生产氮化镓器件的企业有纳微电子、英飞凌、三安光电、英诺赛科、苏州能讯、士兰微电子、南京芯干线等。

国内厂商与国际厂商在碳化硅和氮化镓材料的发展上存在一定差距,主要体现在技术实力、市场份额、供应链建设以及政策支持等方面。然而,随着国内政策的不断利好和市场环境的逐步优化,国内厂商有望在未来逐步缩小与国际厂商的差距,实现更快的发展。碳化硅和氮化镓的市场应用和性能见表6-7所示。

表6-7　碳化硅、氮化镓市场应用和性能对比表

应用领域		碳化硅(SiC)	氮化镓(GaN)
电力电子		高压、高温环境下的电力转换和传输,如电动汽车的电机驱动器、工业电源和逆变器等	高频、高功率的电力转换和传输,如太阳能逆变器和电源控制、开关电源模块等
射频通信		高功率射频器件,如基站功率放大器等	高功率、高频率的射频器件,如手机基站、卫星发射器等
光电子器件		较少直接应用于光电子领域	高亮度照明、显示屏,如激光、光电探测器、紫外光LED等
高温环境		优秀的耐高温性能,如用于冶金脱氧剂、高温电子器件等	氮化镓器件能在高温下稳定运行,可应用于高温功率放大器、高温传感器等
成本与产能		成本相对较高,但逐渐降低,产能逐步提升,但受限于生产技术	生产成本高,原材料依赖进口严重,良品率问题影响其大规模应用
技术难度		生产技术相对成熟,但高纯度单晶制备仍具挑战	衬底和外延环节存在技术困难,影响产能和成本
代表厂商	国际	意法半导体、英飞凌、Wolfspeed、罗姆、安森美、三菱电机等	纳微半导体、PI、英飞凌等
	国内	比亚迪、三安光电、华润微电子、士兰微电子、泰科天润、斯达半导体、扬杰科技、瞻芯电子等	珠海英诺赛科、苏州能讯、士兰微电子、南京芯干线、苏州纳维、东莞中镓、三安光电等

6.7　本章小结

半导体分立器件是半导体行业的重要组成部分,半导体分立器件主要包括二极管、三极管、MOSFET、IGBT、保护器件以及第三代半导体,主要用于电力电子设备的整流、稳压、开关、混频、放大等功能,是电子装置电能转换与电路控制的核心。半导体分立器件应用十分广泛,涵盖汽车电子、新能源发电及智能电网、工业控制、通信等多个领域,是半导体产业的核心领域之一。

6.8　思维拓展

纳米和 MEMS 技术起源

1959 年,在美国物理学会的一次会议上,理查德·费曼(Richard Feynman)发表了一篇题为 There's Plenty of Room at the Bottom 的著名演讲。他在演讲中提出了一种概念,即我们可以通过控制和操作单个原子和分子来改变物质的性质。这次演讲被认为是纳米科学和纳米技术领域的开创性事件,并预见了该领域未来的巨大潜力。

费曼在演讲中提出了一个设想"我们能不能把整整 24 卷的《大英百科全书》写在一个针尖大小的空间,那么这将给科学带来什么?"他提出了如何在这么小的面积上写出这么多文字,以及如何阅读的方法。

1985 年,斯坦福大学的一名学生因将《双城记》的第一段,缩小了 25000 倍,而领取了 1000 美元的微型马达奖。自 1997 年起,美国前瞻纳米技术研究所每年都会颁发纳米技术费曼奖,奖励那些最能推动实现费曼纳米技术目标的研究人员。

之后发展的纳米技术和 MEMS 技术,与费曼提出的在更小尺度上操作物质的观点相呼应。虽然诺贝尔物理学奖获得者费曼并没有直接参与纳米技术和 MEMS 技术的研究,但他的工作和思想为微观领域的研究和技术发展指明了探索的方向。技术的应用和发展是无止境的,未来将继续进入我们日常生活的许多方面。

第七章

传感器

传感器是一种检测装置，能感受到被测量的信息，并能将感受到的信息按一定规律变换成为电信号或其他所需形式的信息输出，以满足信息的传输、控制、处理、存储、显示和记录等要求。

早期出现的电气式传感器，如热电偶、磁电偶、光电管、声学器件、光敏电阻、霍尔元件、磁阻元件等，是利用电学效应和电路原理来实现检测功能，主要应用于温度、电流、电压、光强、磁场等方面。

后来发明的半导体化传感器，如半导体热电偶、集成温湿度传感器、声学温度传感器、红外传感器、微波传感器等，都是利用半导体材料和集成电路技术来实现检测功能，主要应用于温度、光强、距离等方面。

当前延伸的微机电系统（MEMS）传感器时代，如微机械陀螺仪、微机械加速度计、微机械压力传感器等，这些传感器都是利用微机电技术和微加工技术来实现检测功能的，主要应用于角速度、加速度、压力等方面。伴随着传感器的集成功能越来越多、测量的精度和灵敏度越来越高、传感器的体积也越做越小，极大地增加了传感器的应用和市场发展。

传感器的分类方法多样，这里介绍两种最为常用的分类方法。

（1）按工作原理分类。传感器可分为电阻式传感器、电容式传感器、电感式传感器、压电式传感器、霍尔传感器、光电式传感器以及半导体传感器等。这种分类方法以传感器的工作原理为依据，有利于人们对各种传感器及其检测原理的理解和研究。

（2）按被测物理量分类。传感器可分为图像传感器、气体传感器、指纹传感器、温度传感器、湿度传感器、磁传感器、压力传感器、液位传感器、加速度传感器、陀螺仪等。

此外，还有光传感器、颜色传感器、速度传感器、重量传感器、力矩传感器、红外传感器、辐射传感器、位置传感器、接近传感器等多种类型，分别用于测量速度、重量、红外辐射、辐射粒子、液位或高度、位置等物理量。

7.1　图像传感器

图像传感器用于捕捉光学图像,利用光电器件的光电转换功能,将感光面上的光学图像转换为与光像成相应比例关系的电信号。图像传感器主要关注的参数如像元尺寸、灵敏度、坏点数、光谱响应等。

常见的图像传感器通常可分为以下几种类型:

(1) CCD(Charge-Coupled Device,电荷耦合器件):一种高端的图像传感器,具有低照度效果好、信噪比高、通透感强、色彩还原能力佳等优点,广泛应用于交通监控、医疗成像等。

(2) CMOS(Complementary Metal-Oxide Semiconductor,互补金属氧化物半导体):与 CCD 相比,CMOS 具有集成度高、功耗低、成本低等特点,近年来 CMOS 在宽动态、低照度方面发展迅速,广泛应用于智能手机、数码相机等产品中。

(3) CIS(Contact Image Sensor,接触式图像传感器):其原理主要基于光电效应,通过逐行扫描的方式将光信号转换为电信号,并最终形成图像,一般应用在扫描仪中。

(4) ToF 3D Image Sensors(Time of Flight 3D Image Sensors,3D-ToF 图像传感器):通过测量光线从发射到接收的时间差来计算物体与传感器之间的距离,从而获取物体的三维信息,主要应用于增强现实、虚拟现实等技术中。

7.2　气体传感器

气体传感器是一种检测空气中气体成分的传感器,主要应用于有毒、易燃、易爆、空气质量等气体探测领域。按照检测类型分类,常见的气体传感器有电化学气体传感器、半导气体传感器、红外线式传感器,其他还有固体电解质气体传感器、接触燃烧式气体传感器、光学气体传感器等等类型。

(1) 电化学式传感器,利用电化学反应来检测气体的浓度。当气体进入传感器时,会与传感器内部的电解液发生化学反应,产生一个与气体的浓度成正比电信号,通过测量这个电信号的大小来测量气体的浓度,其主要用于家庭和工业中对有毒有害气体的检测,如一氧化碳、氧气和硫化氢等。

(2) 半导体传感器,是由金属氧化物薄膜支撑的阻抗器件,其电阻随着气体的含量而变化,主要应用于各种可燃性气体检测、防火安全检测以及空气质量检测等。

(3) 红外线式传感器,是利用红外线吸收的原理来检测气体的浓度。传感器发射出一束特定波长的红外线,当这些红外线遇到可燃气体时,会被吸收掉一部分,从而使得传感器的接收端强度减弱。通过测量这个减弱程度，就可以得到可燃气体的浓度。这种类型的传感器主要用来检测可燃气体等。

7.3　指纹传感器

每个人的指纹都是独一无二的，这使得指纹识别成为一种高度可靠的身份认证手段，指纹识别技术已广泛用于加密、解锁、支付等场景。指纹传感器主要分光学指纹传感器、半导体指纹传感器和超声波指纹传感器几类。

（1）光学指纹传感器，主要是利用光的折射和反射原理，以及图像处理技术来检测和识别指纹。光学指纹传感器由光源和光学镜头组成，光源发出的光线经过光学镜头聚焦后照射到指纹的表面，由于指纹的纹理凹凸不平，当光学照射到指纹上时，会在指纹凹凸上发出不同的发射和折射，最后形成一幅指纹图像。光学指纹传感器稳定好、成本低，但是对应重叠指纹识别、模糊指纹识别和采集要求比较高。

（2）半导体指纹传感器，主要有电容式和电感式两种，其原理类似。电容式指纹传感器的原理是手指构成电容的一极，另一极是硅晶片阵列，通过人体带有的微电场与电容传感器间形成微电流，由于手指平面凸凹不平，凸点处和凹点处接触平板的实际距离大小就不一样，指纹的波峰波谷与感应器之间的距离形成电容高低差，从而描绘出指纹图像，指纹采集设备根据这个原理将采集到的不同的数值汇总，也就完成了指纹的采集。

（3）超声波指纹传感器，通过向手指表面发射超声波脉冲，并接收这些脉冲在指纹表面反射回来的信号来识别和验证指纹。这一过程中，传感器利用指纹表面皮肤和空气之间密度（或声波阻抗）的差异，构建出一个三维图像，进而与已经存在于终端上的指纹信息进行对比，实现指纹识别的目的。超声波不仅识别速度更快，而且不受汗水油污的干扰，指纹细节更丰富难以破解。

7.4　温度传感器

温度传感器用来测量被测物体或环境的温度，如热电偶、热电阻、红外传感器等。温度传感器探头作为测温元件，采集温度和湿度信号，经过滤波、运算放大、非线性校正及保护等电路处理后，转换成与温度成线性关系的电流或电压信号输出。

（1）热电偶，是基于热电效应工作的。它由两种不同金属（或合金）的导线焊接而成，形成一个闭合回路。当热电偶的两端存在温度差时，会在回路中产生热电势（即电动势），这个热电势与温度差成正比。通过测量这个热电势，可以推算出温度差，进而得到被测温度。

（2）热电阻（NTC 传感器），是利用金属或半导体材料的电阻随温度变化的特性来测量温度的。对于 NTC（负温度系数）热电阻，其电阻值随温度的升高而减小。当温度变化时，通过测量热电阻两端的电压或电流变化，可以计算出温度值。这种传感器通常具有高精度、高稳定性和良好的线性度。

（3）红外传感器，是通过检测物体发出的红外辐射来测量温度。所有高于绝对零度的物体都会发出红外辐射，且辐射强度与物体的温度有关。红外传感器接收物体发出的红外辐射，并将其转换为电信号（如电压或电流），通过测量这个电信号的大小，可以推算出物体的温度。

7.5 湿度传感器

湿度测量传感器的原理主要基于材料吸湿性的变化，通过测量这种变化来反映环境中的湿度。常见的湿度测量传感器包括电容式、电阻式和热导式。

（1）电容式湿度传感器：利用湿敏材料（如高分子聚合物）的介电常数随湿度变化的特性来测量湿度。湿敏材料吸收水分后，其介电常数会发生变化，导致传感器的电容值发生变化。通过测量电容值的变化，可以推算出湿度值。

（2）电阻式湿度传感器：与热电阻类似，但这里的电阻值变化是由湿度引起的。湿敏材料（如氯化锂、高分子电解质等）的电阻值随湿度的变化而变化。通过测量电阻值的变化，可以计算出湿度。

（3）热导式湿度传感器：利用湿空气的热导率与干空气不同的原理来测量湿度。传感器内部有一个加热元件和一个温度传感器。当湿空气流经传感器时，由于湿空气的热导率较低，加热元件的热量散失较慢，导致温度传感器的读数发生变化。通过测量这个温度变化，可以推算出湿度值。

7.6 磁传感器

磁传感器是一种利用磁场感应原理来检测或测量磁场的传感器。其工作原理基于法拉第电磁感应定律，即当磁通量变化时，会在导体中产生感应电动势，磁通量变化率与感应电动势成正比。根据转换原理的不同，磁传感器可以分为多种类型，主要包括磁电阻传感器、磁感应传感器等。

（1）磁电阻传感器：利用磁电阻效应来测量磁场强度。常见的磁电阻传感器包括磁阻效应（MR）、各向异性磁电阻（AMR）、巨磁阻（GMR）和隧道磁阻（TMR）等。这些传感器通过测量磁场作用下材料电阻的变化来检测磁场强度,具有高灵敏度、低功耗和较宽的测量范围。

(2)磁感应传感器:基于法拉第电磁感应定律,通过测量磁场变化时导体中产生的感应电动势来检测磁场强度。常见的磁感应传感器如霍尔传感器。

霍尔传感器是根据霍尔效应制作的一种磁场传感器,根据工作原理可分为开关型、线性以及旋转型霍尔传感器。按照应用场景可分为霍尔电流传感器、霍尔效应磁通门传感器、角度霍尔传感器和磁场霍尔传感器等,分别用于测量电流、角度和磁场强度等信号。

7.7 压力传感器

压力传感器是一种将压力转换为电信号输出的传感器。其工作原理主要基于各种物理效应,如电阻应变效应、电容变化效应、压电效应等。当压力施加到传感器的受压元件上时,受压元件会发生形变,将这种形变通过转换器转换成电信号,再经过放大器放大,最后输出。

压力传感器根据不同的工作原理,可划分为电阻式、电容式、压电式和光纤式等多种类型。

(1)电阻式:利用电阻应变片测量压力变化。当压力作用在传感器上时,应变片发生形变,导致电阻值发生变化。通过测量电阻值的变化,可以计算出压力值。

(2)电容式:利用电容的变化测量压力变化。当压力作用在传感器上时,两个电极之间的距离或重叠面积发生变化,导致电容值发生变化。通过测量电容值的变化,可以计算出压力值。

(3)压电式:利用压电效应测量压力变化。当压力作用在传感器上时,压电材料产生电荷,形成电压信号。通过测量电压信号,可以计算出压力值。

(4)光纤式:利用光纤的光特性变化测量压力变化。当压力作用在传感器上时,光纤的光特性(如光强度、光相位等)发生变化。通过测量光特性的变化,可以计算出压力值。

压力传感器按不同的测试压力类型,可以分为表压传感器、差压传感器和绝压传感器,在不同应用场景下需要关注传感器的压力量程、零点漂移、热灵敏度漂移系数、非线性误差、工作温度范围、产品稳定性能等参数。

(1)表压传感器,用于测量相对于大气压力的压力值。它测量的是被测介质(如气体或液体)的压力与周围大气压力之间的差值。

(2)差压传感器,用于测量两个不同点之间的压力差。它通常有两个压力输入口,分别接收两个不同位置或不同介质的压力信号,然后输出这两个压力之间的差值。

(3)绝压传感器,利用压阻效应,将压力转换为电信号输出。它通常由两个压电晶体组成,分别位于上下两侧。当测量介质中有压力时,上下两侧的晶体受到不同的压力,产生不同的电信号。这两个电信号之间的差值就是测量介质的绝对压力。

压力传感器按照输出信号性质,可分为模拟输出和数字输出压力传感器。

(1)模拟输出压力传感器:输出模拟电压或电流信号,便于与模拟控制系统连接。

(2)数字输出压力传感器:输出数字信号,如 RS485、Modbus 等,便于与数字控制系统或计算机连接。

7.8　液位传感器

液位传感器(静压液位计、液位变送器、液位传感器、水位传感器)是一种测量液位的压力传感器。根据其工作原理可分为接触式和非接触式两大类。

(1)接触式液位传感器直接与被测液体接触,通过测量液体的物理特性(如压力、导电性等)来测量液位。常见的接触式液位传感器包括:静压投入式、浮球液位式、磁性液位式、电容式液位变送器、磁致伸缩液位式和伺服液位变送器等。非接触式液位传感器分为超声波液位变送器和雷达液位变送器等。

(2)非接触式液位传感器不直接与被测液体接触,而是通过测量液体的其他物理特性(如声波反射、电磁波传播等)来测量液位。常见的非接触式液位传感器包括:超声波液位式和雷达液位式等。

7.9　麦克风

硅麦克风是基于 MEMS 技术制造的麦克风,已经逐步取代了驻极体麦克风。MEMS 麦克风传感器可以分为电容式 MEMS 麦克风以及压电式 MEMS 麦克风。电容式麦克风通常由上下两层构成一个电容器,上层为背板,下层密闭的结构为振膜,当声音通过传感器时,声压会导致两层振膜震动,从而导致振膜和背板之间的间距发生变化,即电容值发生变化,利用声波对振动膜的作用而产生电动势的特性,将声音的强度或频率转换为电压信号。MEMS 传感器可以采用表贴工艺进行制造,因其能够承受很高的回流焊温度,容易与其他音频电路相集成的优点,在 TWS 耳机、助听器、手机等电子产品上应用广泛。

7.10　加速度计

加速度计可用来测量单位时间内速度的变化量。利用惯性质量在受到加速度时产生位移的特性,将加速度信号转换为位移信号,再经过调理电路转换为电压或电流信号输出。加速度计按照工作原理可分为压电式加速度计、压阻式加速度计和电容式加速度计三种形式。加速度计按照输入轴数目分类,有单轴、双轴和三轴加速度计。

(1)压电式加速度计,利用材料的压电效应来感知加速度的变化。它具有动态范围大、频率范围宽、坚固耐用、受外界干扰小等特点,常用于振动和冲击测量等大量程应用中,是目前被工程人员使用最为广泛的振动测量传感器。

(2)压阻式加速度计,指的是在半导体材料的基片上,直接将加速度计作为敏感元件而制成的传感器。它具有灵敏度高、响应快、体积小、功耗低等特点,被广泛应用于汽车电子、航空航天、医疗、工业控制、物联网、智能手机等领域。

(3)电容式加速度计,指的是利用电容的变化来确定物体的加速度。它具有灵敏度高、零频响应快、环境适应性好等特点,尤其是受温度的影响比较小,能够用于现场环境苛刻的数据采集,不足之处是输入与输出为非线性,测量量程有限。

7.11　陀螺仪

1835 年,法国科学家盖芒-马里·盖依·科里奥利在《物体系统相对运动方程》的论文中指出:在地球自转的参考系中,如果物体在匀速转动的参考系中作相对运动,就有一种不同于通常离心力的惯性力作用于物体,并称这种力为复合离心力,即科里奥利力,表达式为:

$$F_C = 2mV \times \omega$$

F_C 为科里奥利力,m 为运动物体质量,V 为运动物体的速度,ω 为旋转系的角速度。科里奥利力的方向垂直于物体的运动方向和地球自转轴的方向,并且与物体的质量、运动速度和角速度成正比。

陀螺仪传感器是一种测量物体角速度的传感器,如果与加速度计结合在一起,它也是一种惯性导航传感器。陀螺仪传感器利用回转体或振动体在旋转时产生的科里奥利力或进动角,将物体的角速度或角位移转换为电压或电流信号。

常见的陀螺仪种类主要有挠性陀螺仪、MEMS 陀螺仪、光纤陀螺仪和激光陀螺仪等。陀螺仪对精度设计的要求高,具体的参数评估包括测量范围、灵敏度、初始零偏误差、零偏稳定性、非线性度、分辨率、动态范围、输出噪声以及带宽等,陀螺仪已经广泛用于航空、航天、航海、消费电子及其他工业应用领域。

7.12 本章小结

传感器技术作为现代信息技术的重要组成部分,其未来的发展前景广阔。随着科技的不断进步和创新,传感器也成为推动智能制造、智慧城市、物联网等领域发展的关键力量。

传感器技术的发展将呈现出多元化、智能化、网络化的趋势,为各个应用领域的发展提供更加先进和可靠的解决方案,也为人们的生活和工作带来更加高效、便捷和智能的体验。

第三篇

集成电路厂商和市场营销篇

1965 年,英特尔创始人戈登·摩尔(Gordon Moore)提出:集成电路上可以容纳的晶体管数目每年增长一倍。最新的摩尔定律指出:每隔 18 个月至 24 个月,集成电路上可集成的晶体管数量会增加一倍,同时成本减半。

第八章

集成电路设计和制造厂商

　　集成电路根据功能划分有很多种类,比如计算机的英特尔酷睿处理器、华为手机的 Mate60 Pro 麒麟 9000S CPU 等。就连智能手表、游戏机、汽车智能座舱等电子产品中也有自己的处理器和控制芯片,集成电路是当仁不让的数字时代基石啊!

　　1961 年,仙童公司发布的首款硅集成电路,单颗芯片集成了 4 个晶体管。2023 年 9 月,苹果公司在其秋季新品发布会上发布的 A17 Pro 处理器,专为 iPhone 15 Pro 和 iPhone 15 Pro Max 手机设计,采用了台积电的 3 nm 制程技术,单颗芯片可以集成高达 190 亿个晶体管。

　　苹果能够在晶体管数量不断增加的同时,保证了处理器性能和稳定性的提升,通过不懈的努力和持续的创新,实现了晶体管数量的飞跃式增长。制程工艺越精密,花费越高,单独一家半导体公司无法负担高额的研发与制作费用。

8.1　全球十大无晶圆设计厂商(Fabless)

　　根据市场调研机构集邦科技公布的数据,2023 年全球前十大集成电路无晶圆设计厂商营收合计约 1 676 亿美元,同比 2022 年增长 12%,详细营收和排名见表 8-1 所示。受益于 AI 芯片需求的火爆,英伟达超过高通、博通等老牌芯片设计厂商,首度成为全球排名第一的芯片设计厂商。

表 8-1　2023 年全球前十大集成电路设计厂商营收排名

2023 年排名	2022 年排名	公司名称	2023 年营收/百万美元	2023 年市场份额/%	2022 年营收/百万美元	YOY/%
1	2	英伟达(NVIDIA)	55 268	32.6	27 014	104.6
2	1	高通(Qualcomm)	30 913	18.2	36 722	−15.8
3	3	博通(Broadcom)	28 445	16.8	26 640	6.8
4	4	超微(AMD)	22 680	13.4	23 601	−3.9

2023年排名	2022年排名	公司名称	2023年营收/百万美元	2023年市场份额/%	2022年营收/百万美元	YOY/%
5	5	联发科(MediaTek)	13 888	8.2	18 421	−24.6
6	6	美满(Marvell)	5 505	3.2	5 895	−6.6
7	8	联咏(Novatek)	3 544	2.1	3 708	−4.4
8	7	瑞昱(Realtek)	3 053	1.8	3 753	−18.7
9	9	韦尔半导体(Will)	2 525	1.5	2 462	2.6
10	/	芯源系统(MPS)	1 821	1.1	1 754	3.8
/	10	思睿逻辑(Cirrus Logic)	1 790	/	2 015	−11.2
2023年前十大厂商营收合计			167 642	100	150 231	12.8

（1）英伟达（NVIDIA）

英伟达创立于1993年1月,总部设在美国加利福尼亚州的圣克拉拉市,是全球图形技术和数字媒体处理器行业领导厂商。英伟达专注于图形处理单元(GPU)的设计与开发,并于2006年推出了并行计算平台和编程架构(CUDA),开发者可利用图形处理单元的强大计算能力来解决复杂的计算问题,特别是在需要大规模数值计算、图像处理、视频编解码、深度学习和机器学习等领域。

英伟达凭借其在数据中心业务上的迅猛发展,以及游戏和汽车业务的稳健增长,共同推动了公司整体业绩的提升。目前其在AI加速芯片市场的占有率超过了八成,随着下一代图形处理单元H200及B100/B200/GB200系列的推出,英伟达有望在未来继续保持其增长势头。

（2）高通（Qualcomm）

高通成立于1985年,总部位于美国加利福尼亚州,是无线通信技术的先驱之一。高通的主营业务分为两大板块,即以芯片产品为主的半导体业务(QCT)和负责知识产权授权的技术许可业务(QTL)。

其中半导体业务部门涵盖手机终端芯片、汽车芯片和联网设备芯片(IoT)等三大业务板块。高通拥有大量的无线通信专利,涵盖了CDMA、WCDMA、LTE、5G NR等技术标准,通过专利授权给其他公司使用其技术。

（3）博通（Broadcom）

博通创立于1991年,是全球领先的有线和无线通信半导体公司。2003年,博通推出全球第一个802.11b单芯片,同年又成为任天堂Wii游戏机无线局域网(WLAN)芯片组的供应商。博通是计算机和网络设备、数字娱乐和宽带接入产品以及移动设备的制造商,可提供一流的片上系统和软件解决方案。

（4）超威半导体（AMD）

超威半导体成立于1969年,总部位于美国加利福尼亚州,是全球主流计算机和服务器CPU制造商之一。

2020年,超威半导体宣布以全股票交易的形式,按照约350亿美元的价值收购FP-GA领域的领军企业之一赛灵思（Xilinx）,创下了当时的芯片行业收购纪录。超威半导体通过收购Xilinx,补强其在FPGA（现场可编程门阵列）领域的短板,从而拥有CPU＋GPU和CPU＋FPGA的产品组合,在数据中心市场占据更有利的位置。

超威半导体在多核处理器架构、异构计算和高效能计算等方面有强大的技术积累,其产品线涵盖了从入门级到高端的各种CPU和GPU产品,广泛应用于个人电脑、服务器等产品中。

（5）联发科（MediaTek）

联发科成立于1997年,总部位于中国台湾新竹科学工业园区,是全球领先的智能手机芯片组供应商之一,并且在多媒体芯片、物联网设备、家庭娱乐系统、汽车电子以及其他多个应用领域都有着广泛的产品线,提供高性能、低功耗的芯片解决方案。

（6）美满（Marvell）

美满成立于1995年,由印尼华侨周秀文博士及其家人共同创办,是全球顶尖的无晶圆厂半导体公司之一,总部位于美国硅谷的圣塔克拉拉。美满专注于提供全套宽带通信和存储解决方案,在存储、通信、智能手机和消费电子半导体解决方案等领域占有领先地位。

（7）联咏（Novatek）

联咏科技成立于1997年,前身为联华电子商用产品事业部,总部位于中国台湾新竹科学工业园区。联咏科技的产品包含电视主控芯片、显示器驱动芯片、视频控制芯片及其他商用控制芯片。

（8）瑞昱（Realtek）

瑞昱成立于1987年,总部位于中国台湾的新竹科学工业园区。瑞昱的产品线包括开关控制器、物联网、网络接口控制器、蓝牙PHY收发器、DTV解调器、时钟发生器等,产品广泛应用于声光娱乐、通信网络、多媒体中。

（9）韦尔半导体（Will）

韦尔半导体成立于2007年,总部位于中国上海张江高科技园区。韦尔半导体致力于开发和提供高性能、高可靠性集成电路产品,产品线广泛且丰富,主要包括保护器件、功率器件、电源管理器件、模拟开关以及微控制器、MSMS传感器、驱动器等,其产品被广泛应用于汽车电子系统、工业自动化、智能家居、消费电子等领域。

（10）芯源系统（MPS）

芯源成立于 1997 年,总部位于美国加利福尼亚州圣荷西,并于 2004 年在纳斯达克成功上市。MPS 在电源管理方面拥有领先的技术实力,如独特的高压 BCD Plus 工艺和晶圆球倒装焊接 Mesh Connect™ 封装工艺。

其产品包括 DC/DC 转换器、LED 驱动器和控制器、D 类音频放大器、电池充电器和保护、USB 和限流开关、隔离栅极驱动器、数字隔离器、电池管理产品、电机驱动器与控制器、音频放大器、传感器等多个产品线。

8.2　全球十大集成器件制造商（IDM）

全球前十大集成器件制造商是三星、英特尔、海力士、镁光、英飞凌等,2024 年第一季度营收和排名见表 8-2 所示。随着数据中心和设备市场对 AI 的需求不断增长,以及受存储器价格回升和市场需求增长的影响,全球三大存储器制造商三星、海力士、镁光在 2024 年第一季度均实现了超过 50% 的营收同比增长,内存将继续成为 2024 年下半年发展的重要驱动力。

表 8-2　2024 年第一季度全球前十大集成器件制造商营收排名

2024Q1 年排名	公司名称	2024 年一季度营收/百万美元	2024—2023 年 YOY 增长率/%
1	三星（Samsung）	14 873	78.80
2	英特尔（Intel）	12 139	13.90
3	海力士（SK Hynix）	9 074	144.30
4	镁光（Micron）	5 824	57.70
5	英飞凌（Infineon）	3 959	−11.80
6	德州仪器（TI）	3 661	−16.40
7	意法半导体（ST）	3 465	−18.40
8	恩智浦（NXP）	3 126	0.20
9	索尼（Sony）	2 511	−4.50
10	村田（Murata）	2 460	12.30
前十大营收合计		61 092	

（1）三星（Samsung）

三星电子成立于 1969 年,在 DRAM（动态随机存取存储器）和 NAND Flash（闪存）存储领域是全球最核心的供应商之一。

1984年,三星电子开发出256 Kb DRAM,又在1992年成功研发出世界首个64Mb DRAM,这一成就不仅展示了三星在DRAM技术上的领先地位,也为其后续在全球市场的成功奠定了坚实基础。目前,三星已经开发出了大容量512 GB DDR5内存模块,这些产品广泛应用于各种高端计算设备和数据中心。

1999年,三星电子开发出了首款1 Gb NAND闪存,这一成就标志着三星在闪存领域的重大突破。2013年,三星电子的3D V-NAND通过垂直堆叠存储单元的方式,解决了传统平面NAND闪存面临的容量和性能瓶颈问题,实现了更高的存储密度和更好的性能表现。这一技术的成功开发使得三星在闪存市场上继续保持领先地位。

（2）英特尔（Intel）

英特尔公司成立于1968年,罗伯特·诺伊斯任首席执行官,戈登·摩尔任首席运营官。1971年,英特尔推出世界上第一款商用计算机微处理器4004。1981年,英特尔8088处理器成就了世界上第一台个人计算设备。

2015年,英特尔以167亿美元收购FPGA领域的领军企业之一阿尔特拉（Altera）,2017年3月,英特尔以153亿美元收购了自动驾驶技术计算机视觉领域的领导者Mobileye。

英特尔在PC芯片领域具备垄断性优势,它还拥有自主的光刻机技术,是世界上为数不多的同时拥有芯片设计、研发、制造工艺的半导体巨头。

（3）海力士（SK Hynix）

海力士成立于1983年,总部在韩国,前身是现代电子产业株式会社,2001年,脱离现代集团,更名为海力士半导体股份公司。2012年,被SK集团收购,正式更名为SK Hynix。

1984年,海力士首次成功试产16 Kb SRAM,标志着其在半导体领域的初步成功。随后,1995年全球首次开发256 Mb SRAM,2004年成功研发NAND Flash产品,又于2024年7月研发出新一代显存产品GDDR7。

2023年7月4日,海力士成功研发出第五代高带宽内存HBM3E。随着AI技术的快速发展,对于高性能计算的需求日益增加,而HBM3E作为高性能内存的代表,自然成为各大科技巨头争相竞购的对象,而SK海力士是目前世界上唯一一家能够大规模生产HBM3芯片的公司。

2020年,海力士以90亿美元收购英特尔闪存及存储业务,包含了NAND固态硬盘业务、NAND闪存和晶圆业务、英特尔在大连的NAND闪存制造工厂。海力士以持续不断的技术创新和市场扩张,成为全球半导体行业的重要参与者。

（4）镁光（Micron）

镁光成立于1978年,总部位于美国爱达荷州。镁光在1981年成立自有晶圆制造厂,逐渐发展成为全球较大的半导体储存及影像产品制造商之一,其主要产品包括

DRAM、NAND 闪存、NOR 闪存、SSD 固态硬盘和 CMOS 影像传感器等。

（5）英飞凌（Infineon）

英飞凌科技公司于 1999 年在德国慕尼黑正式成立,是全球领先的半导体公司之一。其前身是西门子集团的半导体部门,英飞凌为汽车和工业功率器件、芯片卡和安全应用提供半导体和系统解决方案。

英飞凌的产品线广泛,包括功率半导体（如 IGBT、MOSFET 等）、安全芯片（如智能卡芯片、安全控制器等）、传感器以及射频芯片等。近年来,英飞凌在氮化镓和碳化硅等第三代半导体材料研发方面取得了显著进展,推出了多款高性能的功率半导体产品。

（6）德州仪器（TI）

1930 年,美国人多克·彻和尤金·麦克德特在新泽西的纽瓦克创建了地球物理服务公司（GSI）,专注于反射地震学的研究与应用。1951 年,该公司更名为德州仪器公司,正式进入电子设备制造领域,其发展历程如图 8-1 所示。

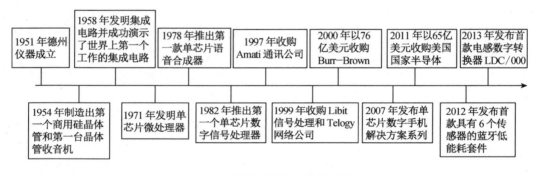

图 8-1 德州仪器公司发展历程

TI 产品细分分类包括放大器、音频、时钟和计时、ADC/DAC、DSP、接口、隔离器件、逻辑和电压转换、MCU 和处理器、电机驱动、电源管理、射频和微波、传感器、开关和多路复用器、无线连接等,合计约 8 万个产品组合。

（7）意法半导体（ST）

意法半导体成立于 1987 年,是意大利 SGS 微电子公司和法国汤姆逊（Thomson）半导体合并后的新企业。1998 年 5 月,公司名称改为意法半导体有限公司（STMicro-electronics）。

意法半导体的产品线涵盖了从微控制器、传感器与微执行器、功率器件与分立器件、模拟器件与电源管理、汽车解决方案到存储器与无线连接等多个领域。

微控制 STM32 系列以其高性能、低功耗和丰富的外设接口而著称。STM32 系列包括多个子系列,如 STM32F、STM32L（超低功耗）、STM32H（高性能）、STM32MP（微处理器）等。传感器和微执行器产品包括如 MEMS 传感器、接近和测距传感器、触摸及显示控制器等。功率器件包括碳化硅、氮化镓二极管和 MOSFET 等。模拟器件产品线包括放大器、比较器、复位和电压监控 IC 等,广泛应用于信号调理、电源管理、电机驱动等领域。

（8）恩智浦（NXP）

恩智浦半导体成立于 2006 年,其前身为荷兰飞利浦公司的半导体业务部,总部位于荷兰埃因霍温。2015 年,恩智浦以 118 亿美元收购飞思卡尔半导体,成为全球前十大非存储类半导体公司。2016 年,以建广资产为主导的中国财团,以 27.6 亿美元收购了恩智浦剥离的标准器件部门,即后面的安世半导体。2019 年恩智浦宣布以 17.6 亿美元收购 Marvell 公司的 Wi-Fi 和蓝牙连接业务。

恩智浦的产品线包括处理器和微控制器、模拟产品、身份验证与安全产品、电源管理产品、射频产品以及传感器等。

（9）索尼（Sony）

索尼（Sony）是一家全球知名的综合性跨国企业集团,总部位于日本东京。索尼由井深大与盛田昭夫于 1946 年 5 月 7 日共同创立,其业务涉及电子、娱乐、金融、信息技术等多个领域,是世界视听、电子游戏、通信产品和信息技术等领域的先导者。

（10）村田（Murata）

村田的全称为株式会社村田制作所,成立于 1950 年 12 月 23 日,总部位于日本京都府长冈京市。村田是陶瓷无源电子元件、无线连接模块和功率转换技术的设计和制造商,生产的品种有:独石陶瓷电容器、SAW 滤波器、陶瓷谐振器、晶体谐振器、压电传感器、压电蜂鸣器、近距离无线通信组件、多层装置、连接器、隔离器、介质滤波器、电源、电路组件、静噪滤波器、电感、传感器、电阻器等。

8.3　国产芯片的发展

我国集成电路市场需求巨大,但自给自足率低,中国集成电路市场规模及产值见图 8-2 所示。我国集成电路产业起步晚,但是近些年在国内市场需求的拉动和政府政策支持下,产业规模发展迅速,2021 年我国集成电路行业市场规模达 1865 亿美元,占全球市场规模的 16.7%,但是国产集成电路产值只有 312 亿美元,自给自足率不足 20%,这也为国产芯片替换提供了巨大的市场空间和增长动力。

2015 年,国务院公布了《中国制造 2025》规划,把半导体列为首要发展行业,并提出了国产芯片自给率的目标,到 2025 年实现 70% 的自给率。为了实现这一目标,我国需要在半导体产业的各个环节上取得突破性进展,包括设计、制造、封装、测试等。同时,还需要加强与先进企业的合作与交流,引进先进技术和管理经验,提升整个产业的

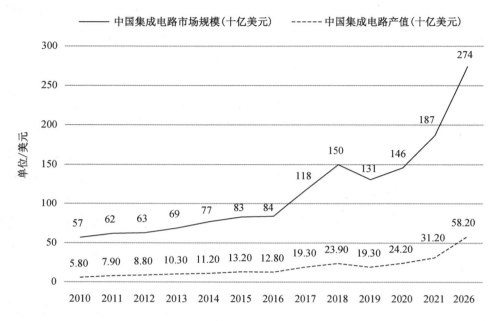

图 8-2　中国集成电路市场规模及产值图

数据源：IC Insights

竞争力。

2021年12月22日，中国半导体行业协会集成电路设计分会理事长魏少军在"中国集成电路设计业2021年年会暨无锡集成电路产业创新发展高峰论坛（ICCAD2021）"上作了《实干推动设计业不断进步》的主旨报告，他指出集成电路设计是集成电路产业的龙头，对整个行业的发展有着极强的带动作用，我国已经成为全球最为完整的芯片产品体系之一，不仅在中低端芯片领域具备较强的竞争力，在高端芯片领域也摆脱了全面依赖进口的被动局面。

在政府的支持和推动下，国产芯片取得了显著的进展。不仅涌现出一批具有自主知识产权的芯片设计企业，还在多个领域实现了技术突破和市场拓展。同时还构建了一个多元化、协同发展的行业生态，既有像华为、海思这样的行业领军企业，也有众多中小企业在细分领域深耕细作。

这些企业与国际巨头相比规模还比较小，但它们在各自擅长的细分领域内深耕细作，形成了独特的技术优势和市场竞争力。例如，有些企业专注于芯片设计，如模拟电路设计、电源电路设计、射频电路设计等；有些企业则专注于芯片制造或封装测试等环节，比如中芯国际、通富微电等；这些企业的存在不仅丰富了国产芯片行业的生态，还为整个行业的发展提供了更多的可能性。

第九章

芯片市场营销

近些年来,半导体产业市场受到包括技术进步、市场需求、产能调整、国际环境等各种因素的影响,其变化日益频繁,半导体产业市场的周期可能是 4～5 年一个长周期,也可能是 1～2 年一个短周期。

半导体产业市场的周期性变化与芯片市场营销之间存在着密切的关系。面对这种局势,芯片分销商和整个半导体产业需要采取积极的应对措施。一方面,分销商可以加强与其他国家和地区的合作,寻求多元化的供应链来源,以降低对单一市场依赖的风险。另一方面,分销商也可以加强自身的技术研发和创新能力,提升产品的附加值和竞争力。

市场营销对于芯片供应商和分销商来说至关重要,它不仅是提升品牌知名度和市场份额的关键手段,也是吸引潜在客户、促进销售增长的重要途径。市场营销策略包括品牌推广、产品推广、价格策略、渠道策略、供应链管理等多个方面,它们共同构成了半导体产业链的重要组成部分。

芯片供应商在芯片产业链中扮演着至关重要的角色。它们的设计、研发、生产和销售能力不仅决定了芯片的性能和质量,还影响着整个产业链的发展水平和市场竞争力。

芯片分销商作为芯片产业链中的重要一环,扮演着芯片供应商和终端客户之间桥梁的角色。分销商的销售渠道、市场推广能力和客户服务水平直接影响到供应商的市场份额和品牌知名度,而市场营销的成败则直接关系到整个产业链的发展前景和盈利能力。

芯片分销商需要充分利用市场营销手段来扩大市场份额、提升品牌影响力;同时,也需要依靠专业的产品管理人员、完善的销售团队、强大的技术支持工程师,提供专业的技术建议和优化方案,解决客户在使用芯片过程中遇到的问题,提升客户对产品的信任度、依赖度以及满意度。

9.1　芯片分销商

芯片分销商主要扮演着资金链服务、仓储配送、现货供应、产品技术支持、售后服务等角色,能够帮助上游芯片设计制造商完成大部分市场开拓、产品线推广和技术支持服务,同时也可以帮助下游客户缩短产品开发周期、加速产品上市。

根据《国际电子商情》2023年度全球电子元器件分销商统计,本书重点分析了头部6家分销商的数据,以国际头部分销商艾睿电子、安富利、中国台湾分销商大联大集团、文晔科技,以及中国大陆分销商中电港、深圳华强6家企业为代表,其营收和排名详细参考表9-1所示。2023年这六家头部分销商总营收1072亿美元,占比TOP50强总营收61.2%,相比2022年度占比57.4%的数据再度提升,这意味着元器件分销市场呈现"大者恒大"的趋势,头部集中效应明显。

表 9-1 前六大电子元器件分销商

2021年排名	2022年排名	2023年排名	代理商	国家或地区	2021年营收/亿美元	2022年营收/亿美元	2023年营收/亿美元	2023 YOY/%
1	1	1	艾睿电子(Arrow)	美国	344.77	371.24	331.07	−10.82
3	2	2	安富利(Avnet)	美国	215.93	263.30	256.11	−2.73
2	3	3	大联大(WPG)	中国台湾	262.38	260.86	216.00	−13.33
4	4	4	文晔科技(WT)	中国台湾	150.94	192.21	191.13	4.08
6	7	6	中电港(CEC port)	中国大陆	57.45	64.43	48.96	−20.32
11	13	11	深圳华强实业(Shenzhen Huaqiang)	中国大陆	34.26	35.62	29.23	−13.98
Total	Total	Total			1065.73	1187.66	1072.50	
TOP50	TOP50	TOP50			1899.67	2067.89	1752.54	

头部电子元器件分销商凭借资金实力和授权资源丰富等多重优势,在电子元器件分销行业占据领导地位。而全球电子信息制造业供应链风险、供应商授权资质竞争、客户直供等问题,倒逼头部电子元器件分销商进一步完成行业整合,扩大市场份额、巩固头部竞争优势。

虽然中国大陆分销商营收与国际头部分销商业绩相比还相差甚远,但中国大陆分销商更了解中国国情和大陆市场特点及客户需求,同时在业务布局、人力配备、现场技术支持等方面具备本地化优势,可以为客户提供更优质的综合性服务,有效填补了国际分销商在中国大陆市场的空白,因此近年来迅速发展。

9.1.1 艾睿电子

艾睿电子于 1935 年在美国科罗拉多州创立,其最初的业务是售卖二手收音机和收音机零部件,期间通过不断收购扩张来丰富产品线,到 2017 年艾睿电子超越安富利成为全球电子元器件分销第一名,其发展历程中的几个关键节点参考图 9-1 所示。

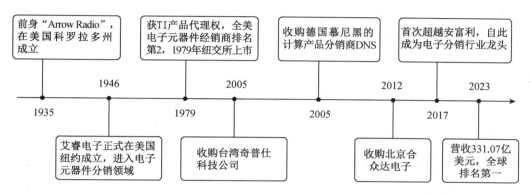

图 9-1 艾睿电子发展历程

艾睿电子作为全球规模最大的电子元器件分销商,其业务市场主要分布在美洲、欧洲、中东、非洲和亚太地区,拥有 300 多个办事处,39 处分销增值服务中心,共覆盖 80 多个国家,服务客户超过 10 万家。其授权代理的品牌包括 TI、Nvidia、ADI 等 600 多条产品线,拥有完善的全球供应链布局以及本地市场渗透。2023 年,艾睿电子以营收 331.07 亿美元占据电子元器件分销榜首,该公司成为全球唯一一家年营收破 300 亿美元的分销商。

9.1.2 安富利

1921 年,33 岁的俄罗斯移民查尔斯·安富利(Charles Avnet)在美国亚利桑那州创立了安富利电子,这是一家电子零部件制造商和经销商。后来,查尔斯·安富利的儿子莱斯特·安富利子承父业。1955 年,在莱斯特·安富利的推动下,安富利公司的主营产品从连接器逐渐扩展到所有电子元器件,电子分销业务突飞猛进。1968 年,安富利首次跻身世界 500 强企业,位列第 467 名。

安富利的发展堪称一部收购史,通过不断收购其他地区的分销商,安富利成功实现了业务扩张和市场份额的增加,进一步巩固了其在全球分销市场的领先地位,其发展历程参考图 9-2。

2017 年,安富利先后失去了 ADI、Cypress 和博通的原厂代理权,当年营收暴跌并丢失分销王座,被艾睿电子反超之后至今再未登顶。2019 年又失去了 TI 的代理权,而

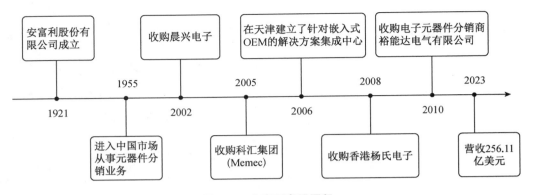

图 9-2　安富利发展历程

彼时 TI 品牌占据安富利营收的 10%，可谓雪上加霜。此后，安富利调整业务重心，推崇"利润至上"的策略，发展供应链咨询等高利润服务，并同时提高自身份额。例如提供方案咨询服务，争取在一块电路板上增加公司更多的份额。

9.1.3　大联大

亚太区电子元器件分销龙头企业当属中国台湾大联大集团。大联大总部位于中国台北，旗下拥有世平、品佳、诠鼎、友尚几大公司，员工人数约 5000 人，代理产品供货商超过 250 家，全球约 80 个分销据点。

2005 年 11 月，世平（WPI Group）与品佳（SAC Group）公司通过股份转换方式组建大联大控股（WPG Holdings），标志着大联大集团的正式成立。其后又以股份转换方式先后控股诠鼎科技（AIT Group）和友尚（Yosun Group）。2020 年收购物流供应商台骅。2023 年 1 月，集团旗下品佳以 6.5 亿元新台币现金收购电子零组件分销商 VSELL 集团，继续布局连接器、线束及电磁屏蔽材料应用，这些收购举措有助于大联大集团进一步拓展其产品线和服务领域。

大联大作为电子元器件分销领域的佼佼者，深知分销商在产业链中的核心作用。大联大通过收购台骅补足物流短板并发展成"仓储代工"角色，同时积极进行数字化转型并上线"大大通"线上平台。大联大集团凭借其强大的品牌实力、丰富的产品线、广泛的分销网络以及卓越的服务能力，共同推动了大联大在电子元器件分销领域的持续发展和创新。

9.1.4　文晔科技

文晔科技创立于 1993 年，总部设立在中国台湾。文晔科技代理全球一流半导体供应商超过 80 家，服务优质客户超过 10000 家。文晔科技通过不断开发新的产品线，并购代理商，提高自身业务范围，所代理的电子零组件被广泛应用于通信、电脑及周边、资料中心、消费性电子、工业控制、物联网及汽车等多样应用领域。

2022年,文晔科技以每股1.93元新加坡币与总金额约2.322亿元新加坡币收购世健科技。2023年9月,以38亿美元现金收购加拿大分销商富昌电子(Future Electronics Inc.)。文晔科技通过实施收购策略,成功地将不同公司之间各具特色的差异化和全面产品线纳入其业务范畴。这一举措不仅极大地丰富了文晔科技的产品组合,还为其带来了更广泛的客户覆盖,从而显著增强了合并后公司在电子元器件分销领域的竞争地位。

9.1.5　中电港

中电港成立于2014年,是一家有国资背景的大陆头部分销商,中国电子信息产业集团有限公司直接持有41.79%股份,2023年4月10日在深圳证券交易所主板上市。中电港业务涵盖电子元器件分销、设计链服务、供应链协同配套和产业数据服务,获得高通、恩智浦、镁光、长江存储等超过100条国内外供应商授权,包括CPU、GPU、MCU等处理器及存储器、射频器件及无线连接产品、模拟器件、分立器件、传感器件等产品类别,覆盖消费电子、通信系统、工业电子、计算机、汽车电子等应用领域。

如图9-3所示,中电港以电子元器件授权分销为核心,辅以非授权分销业务来满足客户多样化需求,并积极探索电商模式。通过"亿安仓"开展非授权分销业务和供应链协同配套服务,为上中下游企业提供安全、敏捷、高效的仓储物流、报关通关等综合性协同配套服务;通过"萤火工场"开展硬件设计支持与技术方案开发等设计链服务,以技术服务和应用创新为依托,聚焦重点行业与产品线,为分销业务增长和上下游企业创新发展提供技术支持和解决方案;通过"芯查查"开展产业数据查询服务。

图9-3　中电港新分销模式

9.1.6　深圳华强

深圳华强成立于1994年,1997年1月在深圳证券交易所上市。2015年起,先后控股湘海电子、鹏源电子、淇诺科技、芯斐电子等电子元器件分销商,不断整合国内电子元器件授权分销业务,完成国内外产品线代理布局。

深圳华强电子元器件服务平台由华强半导体、华强电子网和华强电子世界三大业务板块组成,详细参考表9-2。华强以超前的战略和长远的布局,从供应商授权分销、芯片线上商城、芯片分销贸易和数字媒体、数据业务等产业布局,通过构建统一的运营管理平台和全球化的运营管理体系,打造国内规模最大的线上、线下电子元器件授权分销平台。

表9-2 深圳华强业务板块概览表

业务板块	运营主体	业务概述	核心资源	核心价值
电子元器件授权分销	华强半导体集团	作为原厂授权代理商长期、持续、稳定地向客户供应产品并提供应用方案研发、产品技术支持等增值服务	代理的产品线资源、稳定的客户资源、分销管理能力、资金实力、产品技术能力等	为上游原厂拓和扩大市场,并保障合作方供应链的安全和稳定
电子元器件产业互联网	华强电子网集团	以数字化为驱动,为各类型客户提供品类齐全、交付及时、质量保障、价格合理的全球采购服务,并为产业链参与者提供产品展示和推广、信息发布和搜索以及数据分析等综合信息服务	数据资源、数字化能力、互联网平台、IT系统自研能力等	提升产业效率,促进电子元器件长尾现货采购的降本增效
电子元器件及电子终端产品实体交易市场	华强电子世界	为全国及境外的供应商和客户从事电子元器件及电子终端产品交易相关的活动,提供实体市场空间和配套管理服务	华强北的地理优势、物业资产、商户资源、市场管理能力等	集聚各类电子器件和电子产品,便利交易开展,促进交易

9.1.7 商络电子

商络电子创建于1999年8月,总部设立在南京,是一家电子元器件供应链整合及增值服务型企业,注册资本为6.87亿人民币,于2021年4月正式登陆A股市场(股票代码:300975)。

公司业务领域涉及新能源、汽车电子、通信系统、工业控制、AI智能、消费电子等多个板块,在产品链中处于分销环节。在中国20多个城市,以及新加坡等海外地区设立子公司或办事处,并在南京、深圳、香港、台北、新加坡市五地设立仓储物流中心。商络电子目前拥有超100家知名供应商的授权,服务客户总数5000余家,是江苏省生产性服务业领军企业和南京市著名商标的获得者。

9.2　市场营销

当前芯片市场正处于一个挑战与机遇并存的关键时期。随着全球科技领域的飞速发展,芯片作为支撑各种高科技设备和系统的核心元器件,其市场需求持续攀升。然而,这一市场也遭受着全球经济波动、技术快速迭代以及供应链复杂多变等多重因素的影响,呈现出高度的不确定性和复杂性。

在成功的市场营销过程中,会受到如产品竞争力、客户具体需求、市场变化、成本策略、研发人员水平等各种因素的影响。芯片供应商和分销商需要密切关注市场动态和技术发展趋势,不断提升自身技术水平和产品质量;同时加强品牌建设、市场拓展和客户关系管理等方面的工作。

在这样的背景下,要求企业不仅具备敏锐的市场洞察力,还需要强大的营销能力,同时密切关注并有效管理客户相关人员、销售工程师、产品经理以及技术支持工程师这四类关键人群。他们之间的互动与协作是市场营销成功的关键,也直接影响着市场营销的效果。通过有效的沟通和协作,他们能够共同解决客户问题,满足客户需求,提升客户满意度和忠诚度。同时,他们之间的紧密合作也有助于芯片制造商不断优化产品性能、降低成本、提高质量,从而在激烈的市场竞争中脱颖而出。

9.2.1　客户管理

客户管理是芯片市场营销的核心环节。企业需要建立完善的客户关系管理系统,及时了解客户需求和反馈,提供个性化的解决方案和优质的服务体验。通过增强客户黏性和忠诚度,企业可以稳固市场份额并拓展新的业务机会。

按照二八原则,百分之八十的销售额往往来自百分之二十的最重要的客户。在芯片市场营销中关键因素是人,要了解在客户当中哪些人扮演哪些角色,以及你的客户的核心需求是至关重要的。

收集客户信息是销售的第一步。

如果是没有接触过的新客户,可以通过行业分享会议、技术交流会、供应商产品培训等活动与客户建立初步联系,也可以通过行业内的介绍人牵线搭桥来引荐。

第二步是深入了解客户。

前期可以通过各种社交媒体、行业报告等收集客户信息,深入了解客户的行业地位、业务模式、产品竞争状况等。其中重点是收集客户信息,如他们的行业背景、兴趣爱好、具体工作职责等。

第三步是建立信任、个性化沟通。

根据前面收集的客户信息,以及客户喜欢的沟通方式,调整沟通和拜访策略,以适应客户个性，增加亲切感或共鸣，比如同乡、共同话题等，为关键客户提供定制化的产品和服务解决方案，从而加强与客户的关系，取得对方的信任。

第四步是定期沟通并建立长期合作关系。

致力于和客户建立长期关系，并保持联系，了解他们的最新动态和需求变化。定期安排和客户会面或电话会议，以了解他们的核心需求和意见反馈。定期提供项目或产品的进度报告，确保客户了解项目或产品的最新进展，详细可以参考表9-3客户管理五步骤。最后与客户共同制定长期合作计划，明确双方的目标和期望。

表9-3　客户管理五步骤

注意事项	具体内容
客户背景	客户的组织机构及股权结构； 客户公司网址和邮件地址，联系方式等； 客户产品市场的竞争状况和发展趋势； 客户运营状况、财务状况、资信及商誉状况； 所在行业的整体形势或发展状况
项目信息	年度总体项目预算及项目规划； 客户内部采购流程及决策链； 客户产品运营状况、盈利模式； 网络、业务的发展规划； 客户管理层和高层，关键人信息
竞争对手	竞争对手的产品使用情况； 客户对竞争对手的满意度； 竞争对手的竞争策略和资源投入情况； 竞争对手的销售代表的名字、销售的特点； 竞争对手销售代表与客户之间的关系
采购计划	客户最近的采购计划； 客户项目主要解决的问题和意义； 采购订单、供需合同及详细条款； 产品付款及结算方式、采购账期； 违约情况的处理办法
销售机会	采购决策链和影响者：谁做决定、谁来确定采购指标、谁负责合同条款、谁负责安装、谁负责维护； 采购时间表和采购预算； 客诉和售后支持工作等

对于是否能够拿到客户订单形成合同，还有其他各种因素的影响，客户的决策过程也可能很复杂。总的来说，影响客户采购的大致有以下几类人：客户关键决策人、产品使用人、技术选型人、客户采购以及其他相关人员等。提升赢单准确率，搞好客户关系非常重要，可参考表9-4增强客户关系六步法。

表 9-4　增强客户关系六步法

步骤	策略	关键点	行动指南
第一步	寻找客户合适的引路人	确定能够引导你进入客户内部并帮助你建立联系的人	1. 利用现有关系网络、行业联系人寻找引路人； 2. 评估引路人的影响力和合作意愿； 3. 与引路人建立互信关系，明确合作目标
第二步	理解客户内部采购组织架构图	收集并分析客户内部的采购流程、决策层级和关键部门信息	1. 收集客户组织架构图和相关资料； 2. 分析采购流程、决策层级和关键部门； 3. 识别关键部门和决策路径，为后续步骤做准备
第三步	明确客户的角色与职能分工	识别出对采购决策有直接和间接影响的人员及其职责	1. 与客户内部人员沟通，了解每个人的角色和职责； 2. 分析不同角色的职责范围和影响力； 3. 确定关键角色和决策者的职责和期望
第四步	确定影响采购决策的关键人	识别出对采购决策有最终决定权的人	1. 根据客户内部的决策流程和关键人物的职责，确定关键人； 2. 评估关键人的决策风格和偏好； 3. 制定针对关键人的沟通策略
第五步	与关键决策人建立良好的关系	通过提供有价值的信息、解决方案和个性化的服务来赢得关键人的信任和尊重	1. 了解关键人的需求和期望，提供定制化的解决方案； 2. 保持与关键人的定期沟通，分享行业趋势和有价值的信息； 3. 展示你的专业知识和行业洞察力，以建立专业形象
第六步	与客户其他人员保持良好的关系	不仅与关键人保持关系，还要与客户内部的其他人员建立良好的关系	1. 积极参与客户内部的活动和会议，展示你的团队合作能力； 2. 与客户内部的其他人员保持友好沟通，了解他们的需求和反馈； 3. 通过积极的沟通、协作和问题解决来维护良好的关系网

9.2.2　销售工程师

美国哈佛大学教授戴维·麦克利兰在《测试能力而不是智力》文章中指出："决定一个人在工作上能否取得好的成就，除了拥有工作所必需的知识、技能外，更重要的取决于其深藏在大脑中的人格特质、动机及价值观等"。

销售工程师是连接企业和市场的桥梁，他们通过市场调研、客户拜访、商务谈判等手段，不断开拓市场应用获得业绩提升。较为常见的销售工程师普遍被划分为两大基本类型：技术型销售和关系型销售。

技术型销售侧重于通过深入了解产品、行业和市场，以及客户的具体需求，来建立销售关系。他们通常具备深厚的产品知识和行业洞察力，能够清晰、准确地解释产品的技术特点、竞争优势和解决方案，从而帮助客户理解产品如何满足其需求。技术型销售还常常参与产品演示、技术交流和问题解决等活动，以展现其专业能力和产品价值。

关系型销售则更注重与客户建立和维护良好的人际关系。他们擅长倾听、理解和满足客户的情感需求，通过建立信任和忠诚度来推动销售业绩。关系型销售通常善于交际、具有同理心，并具备处理复杂人际关系的能力。他们不仅关注当前的销售机会，还致力于建立长期的合作关系，以实现持续的业务增长。

技术型销售和关系型销售在方法和重点上有所不同，但在实际的销售过程中，两者往往是相互补充、相辅相成的。一个成功的销售人员可能需要同时具备这两种销售类型的能力和技巧，以更全面地满足客户的需求，建立稳固的客户关系，并实现销售目标。

芯片营销有很强的专业属性，不同于其他产品的销售。销售人员首先推销自己，获得客户好感很重要；另外一个重要的因素是你的公司和平台，最后才是芯片或你负责的有竞争力的产品本身。具体体现在下面几个方面的要求：

（1）市场需求的多样性

芯片广泛应用于各个领域，如消费电子、汽车电子、通信设备等。每个领域对芯片的需求都有其独特性，例如消费电子注重芯片的功耗和成本，而汽车电子则更注重芯片的可靠性和稳定性。这种市场需求的多样性要求芯片销售必须深入了解不同应用的需求，提供定制化的解决方案。

（2）技术驱动的销售模式

芯片销售对技术要求更高。由于芯片技术的复杂性和专业性，销售过程中往往需要技术人员的支持和参与。销售人员需要具备一定的技术背景，能够与客户进行技术交流和沟通，解答客户的技术疑问，或寻找技术支持解决问题。这种技术驱动的销售模式使得芯片销售更加具有专业性和挑战性。

客户在购买芯片时，通常会关注芯片的性能、功耗、可靠性等指标，同时也会考虑价格因素。销售人员需要在价格和性能之间找到平衡点，协同技术支持工程师，为客户提供性价比高的产品，满足客户的需求。

（3）高度依赖供应链和生态系统

芯片销售高度依赖供应链和生态系统。芯片的生产、封装、测试等环节需要多个供应商和合作伙伴的协同合作，形成一个完整的产业链。同时，芯片的应用也需要与操作系统、应用软件、硬件设备等形成生态系统，共同为用户提供完整的产品和服务。因此，芯片销售需要建立稳定的供应链和生态系统，确保产品的质量和服务的可靠性。

（4）长期合作与关系维护

由于芯片技术的复杂性和专业性，客户在选择供应商时通常会考虑供应商的信誉、技术实力、服务质量、售后服务等因素。一旦建立了合作关系，客户往往会倾向于与供应商保持长期稳定的合作关系。因此，芯片销售需要注重与客户的关系维护，尤其是与客户关键人员的关系维护，为其提供优质的服务和技术支持，与其建立长期稳定的合作关系。

（5）国际贸易与沟通能力

随着全球化的加速发展，不同国家和地区对芯片的进口、出口、知识产权等方面有不同的法律法规和政策要求。销售人员需要了解相关法规和政策要求，确保产品的合规性和合法性，保证双方合同的顺利执行。同时，销售人员需要具备跨文化沟通和英文沟通交流的能力。

综上所述，芯片销售的独特性体现在市场需求的多样性、技术驱动的销售模式、高度依赖供应链和生态系统、长期合作与关系维护以及国际贸易与合规性等多个方面。这些独特性要求芯片销售人员具备全面的知识和技能，能够灵活应对市场变化和客户需求。

9.2.3　产品经理

在芯片营销过程中，产品经理的角色至关重要，他们不仅是连接市场需求与产品开发的桥梁，还是推动产品成功上市并持续优化的关键人物。然而，芯片供应商的产品经理与芯片分销商的产品经理在职责和作用上存在一定的差异。参考俞志宏所著的《我在硅谷管芯片：芯片产品线经理生存指南》一书，列举了供应商产品经理包括芯片定义、芯片设计、市场策略、成本优化、产品推广、产品培训等16种岗位职责，在此不做过多赘述。

总的来说，芯片供应商的产品经理更注重产品规划和市场洞察，产品需求分析和投资回报预测等，通过跨部门协作和资源整合，确保产品能够紧跟市场发展，满足客户需求。而芯片分销商的产品经理则更注重产品市场推广和满足客户需求，通过与客户保持紧密沟通和提供专业的技术支持，提高客户满意度和市场占有率。两者在各自领域发挥着不可替代的作用，共同推动芯片产业的繁荣发展。下面以芯片分销商的产品经理的职责和作用具体分析。

（1）产品线管理与市场推广

负责特定产品线（如处理器、功率器件等产品线）的售前、售后支持，尤其是市场推广及应用布局，并制定市场推广策略，结合产品特色以及芯片供应商主推方向，提高产品在市场上的知名度和影响力，为分销商的品牌建设提供支持。

（2）沟通与需求反馈

与客户保持紧密沟通,了解客户项目实际需求,协同公司的技术支持工程师,为客户提供产品选型指南和解决方案白皮书,推荐最优性价比的解决方案,提高客户满意度。

与芯片供应商紧密沟通,了解其产品动态和战略规划,为分销商的产品推广和战略规划提供支持,确保分销商的利益最大化。定期向供应商汇报客户及项目进展,申请有市场竞争力的价格、管理订单以及库存,同时为产品改进和战略规划提供市场反馈。

（3）库存管理与价格策略

根据市场情况和客户需求,制定价格策略,提高产品的市场竞争力,同时做好产品线在途、库存的管理,确保产品的供应稳定,为分销商的利益最大化提供支持。

（4）销售支持与渠道拓展

提供销售支持,包括协调供应商资源、解答客户的技术问题、提供产品演示等。通过拓展销售渠道和与合作伙伴建立合作关系,提高产品的市场占有率,为分销商的业务拓展提供支持。

在实际工作中,产品经理还需要具备敏锐的市场洞察力、强大的沟通协调能力、产品战略规划能力、丰富的产品知识和行业经验等素质,以应对复杂多变的市场环境和客户需求。同时,产品经理还需要不断学习和提升自己的专业技能和综合素质,以适应不断变化的市场环境和客户需求。

9.2.4 技术支持

技术支持是芯片市场营销的重要支撑。芯片作为高科技产品,其技术含量和性能水平直接影响着市场竞争力。因此,企业需要不断加强技术研发和创新,提升产品的技术水平和性能表现。同时,企业还需要为客户提供专业的技术支持和售后服务,确保产品能够稳定、高效地运行。

技术支持工程师通常是芯片供应商和客户研发技术人员沟通的桥梁,既要了解客户产品要求,协调原厂资源,又要协调内部销售和产品部门的配合,确保客户满意。从专业技能上通常需要具备深厚的技术知识,包括模拟电路设计、信号处理、射频技术等领域的专业知识,同时,还需要具备良好的沟通能力和服务客户的能力,能够与客户研发人员建立良好的关系,并在产品销售和技术支持方面为客户提供全面的帮助。

以单片机处理器技术支持为例,兆易创新公司生产的 GD32A503 数据手册将近100 页,还有非常多的寄存器、指令集以及开发环境和编译工具需要熟练掌握,同时也要了解竞争对手的产品功能,这样才可以帮客户做到代码调试和编译,让客户满意。

根据不同的芯片供应商和分销商,按照岗位职责以及负责的产品线,业界大致将技

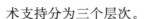

术支持分为三个层次。

（1）现场应用工程师（FAE）：其基本岗位职责是了解市场状况、客户行业应用现状、产品竞争环境、客户项目需求、客户项目相关信息跟进、技术参数对比、产品功能演示、合适的产品线料号推荐、客户产品线软件或硬件支持、客诉跟踪及反馈等。

（2）应用工程师（AE）：其基本岗位职责是对产品问题调试、客户行业应用现状分析、客户产品线软件或硬件支持、代码调试、客诉处理等。

（3）方案开发工程师（RD）：负责市场主流行业应用方案设计和开发，芯片功能验证，典型应用解决方案开发等。

① 汇报分析

客户拜访报告是项目跟进的一种手段，销售和技术支持的日常工作汇报及利弊分析可以作为团队考核依据，还可以通过这些报告来寻找机会点。几种常见的汇报分析表见 9-5 所示。

表 9-5　几种常见的汇报分析表

团队管理四种方式	适用场景	优点	缺点
个人观察	日常工作，拜访客户，产品培训，部门会议； 日常的工作状态和行为； 需要对人有关注的场景	可获得第一手资料； 信息没有过滤，参与度高； 可直观、快速发现问题； 不受时间、场地限制	主观、受个人偏见的影响，需要总结； 缺乏跟踪； 耗费时间
口头汇报	日常工作，紧迫事项，突发事件； 把握工作进度和突发情况； 询问进展、困难、问题	可快速、及时和双向沟通； 是获得信息的快捷方式； 可以获得口头和非口头的反馈	随意性强，容易遗漏、不宜追溯； 有用信息可能被过滤； 信息不能存档
统计报告	客户拜访报告，项目更新周报，业绩达成表； 需要数据化的信息总结； 需要向相关部门或上级呈现； 评估工作进展及结果	有数据支撑，直观，有利于归档； 可有效的显示数据之间的关系； 便于系统分析和统计	忽略了主观方面的因素； 提供的信息有限； 过程难以把控，缺少及时性、连续性
书面报告	客户拜访报告，述职报告，行业分析报告，测评报告； 对工作进行分析汇报； 需要向相关部门或上级呈现； 阶段性或总结性地呈现与汇报	直观、可追溯； 全面、正式； 易于存档和查找	需要更多的准备时间； 滞后、互动性弱

优秀的技术支持工程师可以帮助客户解决棘手的技术问题，提前选择合适的型号，编译代码，调试板子解决电路上的难题。随着国产化替代加速，客户面对的选择越来越

多,部分研发人员没有太多时间去做功能芯片的验证和测试等,如果还希望引进这个品牌或重点物料,就希望供应商或分销商的技术支持工程师可以提供测试数据或成熟的方案,这样优秀的技术支持工程师就非常重要,可以按照客户要求做好与竞争对手的方案对比,或者直接提供参考设计方案给客户。

② 拜访报告

为了更好地了解客户的产品和应用,抓取到客户项目的第一手信息,拜访客户并与其当面沟通是在挖掘客户需求方面最好的方法,因此掌握拜访技巧可以说是工程师最重要的技能。

首先在拜访前一定要做好充分的准备和细致的分析,可以在客户官方网站上大致了解客户产品和形态,我们的机会点预估,客户可能提出的想法和需求,要事先研究自己如何能够帮助客户达到他们的目标。这样才能在拜访中完整、清晰地了解客户的需求并与客户达成共识。在拜访结束后,需要及时发出客户拜访报告,方便让公司其他部门相关人员及时了解到客户的状态,做出判断,客户拜访报告模板可参考表9-6。

表 9-6 客户拜访报告模板

客户名称	XXX 有限公司		English Name		XXX CORPORATION
客户网站(Website)			客户地址 Address		中国江苏省 XXX
客户行业 (Customer Industry)	工业/伺服电机驱动		拜访时间 (Visit time)		Oct-2023
客户背景介绍 (Customer Background Introduction)	XXX 成立于 19XX 年,是世界最大的精密小型电机制造商,客户的主要产品有复式型步进电机及 ECM(Electronically Commutated Motor)等产品				
客户名字 (Customer Name)	职位 (Title)	供应商名字 (Supply Name)	职位 (Title)	代理商名字 (Disty Name)	职位 (Title)
项目名称/平台 (Project name)	项目主要料号 (Focus Part)	竞争型号 (Competitor Part)	年用量 (KPCS)	量产时间 (MP time)	项目状态更新 (OPP/Din/DW/LOST)
XX 产品	XXX				
	XXX				

拜访记录(Meeting Minutes):
_____

后续配合及支持:(明确到责任人/时间节点)

Action1/动作 1:
Action2/动作 2:
信号框图（Signal Chain）:

③ 项目管理

在客户拜访前，首先要了解客户公司背景和客户个人背景，明确自己需要表达的内容和关心的问题，做到知己知彼，也方便确定下一次活动的内容。按照客户的项目新机会、设计和研发、量产等时间节点，做好技术支持服务工作，做到让客户满意。技术支持工程师、销售工程师以及产品经理在项目管理工作中的配合如表 9-7 所示。

表 9-7　项目管理和职责分工表

阶段	步骤	技术支持工程师职责	销售工程师职责	产品经理职责
新机会（OPP）	客户评估	1. 了解客户潜力，与销售明确客户是否需要技术支持； 2. 了解客户应用及产品框图	1. 了解客户产品的市场前景； 2. 了解客户研发和采购窗口； 3. 提供客户建档资料	1. 根据销售提供的信息进行项目机会评估； 2. 评估销售和客户的关系
	品牌推广	1. 配合销售拜访客户研发及相关部门； 2. 安排技术交流及新机会发掘，了解客户产品及路线图	1. 获取客户信息及关键人联系方式； 2. 预约客户拜访	反馈产品线报备情况，给出产品线推荐建议
	产品线初步评估	1. 根据客户需求提供产品线资料； 2. 了解竞争对手信息	了解竞争对手信息	1. 提供相关产品线资料； 2. 提供品牌优势信息
	产品选型	1. 确认客户项目具体需求； 2. 需求确认后，根据产品线性能对比，推荐合适料号； 3. 项目管理跟进	了解客户项目需求，在客户沟通过程中给出合理建议	1. 确认推荐物料是否是重点推荐或优势物料； 2. 提供初步评估价格及交期信息
	产品技术评估	1. 根据客户反馈结果，提供样品或开发板给客户研发； 2. 送样后跟进样品测试进展	1. 安排给客户申请样品及开发板； 2. 同步送样信息给公司相关人员	跟进样品或开发板申请进度，反馈到达时间

续表

阶段	步骤	技术支持工程师职责	销售工程师职责	产品经理职责
设计导入（Designin）	产品立项	1. 给客户提供相关技术文档； 2. 邀请供应商与客户技术交流； 3. 整理客户研发架构及关系维护	1. 确定客户项目开发周期等信息； 2. 客户关键人员关系协同跟进	1. 跟催供应商提供建档资料； 2. 新产品协调客户和原厂交流； 3. 评估推荐物料供应商的交期及价格状态
	软硬件设计	1. 给客户提供硬件支持：如技术规格书、参考设计等； 2. 给客户提供软件例程支持、开发环境协助搭建等； 3. 客户项目原理图检查、软件代码调试协助	1. 客户关键人员关系跟进，尤其是客户采购； 2. 确认推荐料号是否进入客户项目清单	1. 三方同步项目信息； 2. 客户开发如遇问题，协调供应商资源参与调试
	小批量验证	1. 客户研发问题响应； 2. 确认项目小批量产时间节点； 3. 确认项目小批量产验证结果	1. 关注客户验证结果； 2. 拿到客户小批量订单以及量产计划	1. 关注验证结果，若测试失败考虑其他替代物料； 2. 提供物料交期、价格及交付计划
	二次调试	1. 配合客户研发进行软、硬件调试工作； 2. 了解客户项目量产时间	客户关键人员关系跟进，如果客户修改方案，需要特别关注	调试如遇问题，协调供应商资源参与调试
赢得订单（Design Win）	从客户获取批量订单	1. 了解客户用料情况，关注竞争对手信息； 2. 跟进客户项目情况，及时做出问题响应	1. 拿到客户批量订单、计划排程； 2. 确认客户订单真实性和准确性	1. 反馈供应商物料准确的交付信息； 2. 重点物料交付跟踪及重点事项的跟踪
	批量交付	保持和客户研发有效沟通，项目进度跟进	1. 确保客户按照项目计划提货； 2. 如客户需求变动，信息拉通反馈	1. 确保按照交付信息准时交付； 2. 聚焦重点物料及后续量产物料性能
售后服务（After Service）	售后服务	1. 深度挖掘新项目机会； 2. 及时高效处理客诉问题； 3. 客诉问题验证	问题响应，反馈项目、用料、问题详情	如遇客诉，售后涉及法律层面问题，需协调供应商资源参与处理

156

　　成功的芯片市场营销需要企业在多个方面做出努力和提升。只有不断提升营销能力，加强客户管理、产品管理以及优化技术支持等方面的能力，企业才能在激烈的市场竞争中脱颖而出。预计未来的芯片市场营销可着眼于以下四点，来实现企业的可持续发展。

　　① 技术创新引领：随着 5G 通信、人工智能、物联网等新兴技术的快速发展，芯片供应企业需要加大研发投入，推动技术创新和产业升级。通过不断推出新产品、新技术，满足市场日益增长的需求。

　　② 客户关系管理：建立完善的客户关系管理系统，及时了解客户需求和反馈，提供个性化、定制化的解决方案。通过优质的服务和售后支持，增强客户黏性和忠诚度。

　　③ 供应链优化与整合：面对全球供应链的重构和调整，芯片分销企业需要加强供应链管理，优化资源配置和生产流程。通过与上下游企业的紧密合作，实现供应链的协同发展和共赢。

　　④ 全球化布局：随着全球化进程的加速推进，芯片上下游供应商和分销企业需要积极开拓国际市场，加强与国际领先企业的合作与竞争。通过并购、合作等方式整合资源和技术优势，提升自身在全球产业链中的地位和影响力。

第四篇

集成电路市场应用篇

抬头是天，天很蓝，低头是路，路很远，有一些美好，总也难以抵达，却一直在追求，乐此不疲。

——亨利·基辛格

>>> 第十章

市场应用案例分享

10.1　汽车电子

尤瓦尔·诺亚·赫拉利在《人类简史》中对于人类发展历史的变革进行了宏观的叙述。第一次革命是人类的认知革命。人类历史经历了最初的宇宙大爆炸的演化,然后是分子反应生成不同物种的化学时代,接着又进入了不同生物物种优胜劣汰的生物学时代,来到了文化盛行的历史学时代。然后经历了人类第二次农业革命,从采摘狩猎到农耕种植,第三次科技革命,人类进入一个全新的信息化社会。人类历史上第四次大变革正悄然来临,会出现怎样的变革呢?

汽车产业已经掀起了一场世纪变革,从 19 世纪的马车到燃油汽车,再到 21 世纪新能源电动汽车,以及接下来可能会兴起的氢能源汽车,能源体系不断的革新,同时也加速了汽车电子化进程。这一革新激发了整个产业链的深刻变化,从下游汽车品牌到上游零部件供应商,再至底层半导体芯片厂商,都迎来全新的机遇。

10.1.1　自动驾驶

随着自动驾驶等级的增加,要求为汽车高级辅助驾驶(ADAS)和自动驾驶提供算力的核心芯片的功能要不断提升,同时,自动驾驶汽车还需要更多的摄像头、毫米波雷达、激光雷达等传感器执行单元。

根据美国汽车工程师学会(SAE)的预测,实现自动驾驶 L1 级别及以下自动驾驶需要的算力不超过 10 TOPS(Tera Operations Per Second, 每秒一万亿次计算),实现自动驾驶 L3 算力需求为 30～60 TOPS,随着自动驾驶等级的升高,对算力的要求也将不断提升,自动驾驶分级定义和算力需求预测参考表 10-1 所示。

表 10-1　美国汽车工程师学会自动驾驶分级定义及算力需求预测表

SAE 分级	名称	功能				区域		
		驾驶主体	感知接管	控制干预	实现功能	道路	环境监测	算力需求
L0	完全人类驾驶	人	人	人	—	全部	全部	0
L1	机器辅助驾驶	人和系统	人	人	部分	部分	部分	<10 TOPS
L2	部分自动驾驶	系统	人	人	部分	部分	部分	<50 TOPS
L3	有条件自动驾驶	系统	系统	人	部分	部分	部分	30～60 TOPS
L4	高度自动驾驶	系统	系统	系统	系统	部分	部分	>100 TOPS
L5	完全自动驾驶	系统	系统	系统	系统	全部	全部	>1000 TOPS

　　国内汽车 ADAS 产品的前装渗透率在过去几年中呈现显著的增长趋势。根据高工智能汽车研究院的数据,2023 年 1～10 月,包括汽车中控大屏、语音交互、车联网等在内的智能化前装市场的渗透率已经超过 70%,显示出智能化配置在新车中的普及程度。其中,中控娱乐系统的前装渗透率已经超过 90%,几乎成为行业标配。而与智能驾驶相关的 ADAS 系统在新车中的前装渗透率也接近 50%,表明智能驾驶技术正在快速被市场接受,国内 ADAS 产品前装渗透率见表 10-2 所示。

表 10-2　国内 ADAS 产品前装渗透率表

环境感知	车身分布	单车价值量	探测范围	探测功能	优点	缺点
摄像头		1 500～3 000 元	最远 >500 m	碰撞预警;车道偏移报警;行人检测;辅助定位;地图构建	可识别物理特征;通过算法计算;技术成熟;成本较低	受天气影响较大;需要后端计算
超声波雷达		200～800 元	小于 10 m	障碍物探测	技术成熟;成本低;受天气干扰小;抗干扰能力强	测量精度差;范围小;距离近
激光雷达		5 000～10 000 元	小于 300 m	障碍物探测识别;辅助定位;地图构建	精度高;探测范围广;可构建车辆周围环境 3D 模型	受天气影响大;技术成熟度较低;成本高(单车 1 万元)
毫米波雷达		200～1 000 元	15～250 m	前后碰撞报警;自适应巡航;自动制动;盲点监测	绕射能力强(烟雾);抗干扰能力强;对相对速度、距离、角速度测量准确度高	测量范围较窄;传输损耗较大;难识别大小形状

10.1.2 域控制器

所谓"域"即控制汽车的某一大功能模块的电子电气架构的集合,每一个域由一个域控制器进行统一的控制,最典型的划分方式是把全车的电子电气架构分为五大域:动力域、车身域、底盘域、智能座舱域和自动驾驶域,具体分工如表 10-3 汽车五大域控制器技术要求对比表所示。

表 10-3 汽车五大域控制器技术要求对比表

类型	芯片性能要求	主要操作系统	功能安全等级	应用场景	核心壁垒
动力域控制器	对算力要求低,MCU 芯片	符合 CP AutoSAR 标准	ASIL-C ASIL-D	用于汽车动力总成的优化与控制,同时兼具电气智能故障诊断、智能节电、总线通信等功能	1. 硬件集成能力,包括电机、泵、电磁阀、风扇等;2. 制动及转向控制算法能力;3. 通信、诊断、功能安全
底盘域控制器	对算力要求低,MCU 芯片	符合 CP AutoSAR 标准	ASIL-D	将集成整车制动、转向、悬架等车辆横向、纵向、垂向相关的控制功能,实现一体化控制	1. 集成驱动、制动、转向整体控制算法,协同控制能力;2. 通信、诊断、功能安全
车身域控制器	对算力要求低,MCU 芯片	符合 CP AutoSAR 标准	ASIL-B ASIL-C	将集成传统 BCM 功能和空调风门控制、胎压监测、PEPS、网关等功能,未来可率先与智能座舱域融合	1. 有较强的传统 BCM 开发能力;2. 较强的硬件集成能力;3. 通信、诊断、功能安全
智能座舱域控制器	算力要求较高,高性能 CPU、SoC 芯片	基于 Linux 内核定制的专属操作	ASIL-B ASIL-C	将抬头显示、汽车仪表、车载信息娱乐等智能座舱电子集成,实现一芯多屏功能	1. CPU 芯片及外围电路硬件集成能力;2. 实时操作系统、中间层软件的开发及应用能力
自动驾驶域控制器	算力要求很高,高性能 GPU、SoC 芯片	QNX 或 Linux 实时操作系统	ASIL-D	能够使车辆具备多传感器融合、定位、路径规划、决策控制、图像识别、高速通信、数据处理的能力	1. GPU、CPU、NPU、MCU 等多芯片硬件集成能力,算法处理涵盖感知、决策、控制三个层面;2. 实时操作系统、中间层软件的开发及应用能力;3. 通信、诊断、功能安全的开发能力

（1）动力域控制器

主要控制车辆的动力总成,优化车辆的动力表现,保证车辆的动力安全。动力域控制器的功能包括但不限于发动机管理、变速箱管理、电池管理、动力分配管理、排放管理、限速管理、节油节电管理等。

（2）车身域控制器

主要控制各种车身功能,包括但不限于对于车前灯、车后灯、内饰灯、车门锁、车窗、天窗、雨刮器、电动后备箱、智能钥匙、空调、天线、网关通信等的控制。

（3）底盘域控制器

主要控制车辆的行驶行为和行驶姿态,其功能包括但不限于制动系统管理、车传动系统管理、行驶系统管理、转向系统管理、车速传感器管理、车身姿态传感器管理、空气悬挂系统管理、安全气囊系统管理等。

（4）智能座舱域控制器

主要控制车辆的智能座舱中的各种电子信息系统功能,这些功能包括中控系统、车载信息娱乐系统、座椅系统、仪表系统、后视镜系统、驾驶行为监测系统、导航系统等。

（5）自动驾驶域控制器

负责实现和控制汽车的自动驾驶功能,其需要具备对于图像信息的接收能力、判断能力和处理能力,对于数据的处理和计算能力,对导航与路线规划能力,对于实时情况的快速判断和决策能力,需要处理感知、决策、控制三个层面的算法,对于域控制器的软硬件要求都非常高。

不同的域控制器产品在技术要求上会存在差异性。自动驾驶和智能座舱域控制器对芯片性能、操作系统及算法要求比较高;动力域、底盘域和自动驾驶域,因为涉及汽车功能安全的部件较多,所以对功能安全等级要求高。

10.1.3　通信总线

随着汽车电子电气架构日益复杂化,其中传感器、控制器和接口越来越多,自动驾驶也需要海量的数据用于实时分析决策,因此要求车内外通信具有高吞吐速率、低延时和多通信链路来不断满足高速传输需求,汽车通信总线应用介绍见表10-4所示。

表 10-4　汽车通信总线传输应用对比表

总线名称	发布时间/年	通信速度	介质	优点	缺点	应用
CAN	1986	125 k～1 Mbit/s	非屏蔽双绞线	1. CAN 总线经过 ISO 标准化后,形成了统一的技术规范; 2. 主干网络设计与集成,低成本、高可靠性; 3. 支持分布式控制系统,适配对实时性要求高的应用	通信速率低、可扩展性受限、缺乏安全认证机制等	汽车动力系统、底盘、车身电子等
LVDS	1994	850 Mbit/s	双绞线并/串行	低压差分高速信号标准:进行稳定而快速的数传,低成本	传输屏蔽层较厚,扩展性差	车载摄像头
MOST	1998	150 Mbit/s	双绞线/光纤	线束质量轻,抗干扰性强高带宽,信号衰减少;线束传输的质量较高	扩展性差,技术开发周期长,存在自然信号衰减的现象	汽车导航系统、多媒体娱乐
LIN	2001	20 kbit/s	单线缆	1. 采用单主多从结构,无需总线仲裁; 2. 通过简单的帧结构和高效的通信协议,降低了通信延迟; 3. 采用单线串行通信方式,信号线之间不存在干扰问题,传输距离长	传输速率低,单宿主总线访问,方法受局限	车身电子系统
FlexRay	2007	1～10 Mbit/s	双绞线/光纤	1. 采用时间触发机制,能够确保数据传输的确定性; 2. 通过主从同步方式实现数据同步和通信协调; 3. 具备强大的错误检测性能和容错功能	成本高、更加复杂	引擎控制,ABS,悬挂控制,线控转向
CAN FD	2012	5～8 Mbit/s	双绞线	1. 更高的数据传输速率; 2. 更大的数据负载能力; 3. 可以与现有的 CAN 网络兼容	存在部分协议缺陷	汽车动力系统,底盘,车身电子等

续表

总线名称	发布时间/年	通信速度	介质	优点	缺点	应用
A2B	2014	50 Mbit/s	非屏蔽双绞线	1. 通过优化音频传输,提供了卓越的音质; 2. 采用菊花链结构,灵活的节点配置与扩展性; 3. 简化了音频设计方案	带宽和可传输声,音通道数下降	车载间频系统、家庭音频系统等
车载以太网	2015	1 G~10 Gbit/s	非屏蔽双绞线	大带宽、低延时、低电磁干扰、低成本,将传统线束重量减轻30%	兼容性,时延问题等	域控制器,自动驾驶,车载摄像头
CAN XL	2020	10+Mbit/s	双绞线	适应多样化的网络需求,更优的传输性能,填补了CAN FD 与 100BASE-T1(以太同)之间的空白	不支持 IDE 标识符扩展	汽车动力系统,底盘,车身电子等

资料来源:Analog Devices,安信证券研究中心

10.2 充电桩

受益于汽车电动化的发展趋势以及 2060 年"碳中和"目标等政策推动,我国电动汽车市场不断扩大,技术不断进步,充电桩行业因此迎来了更加广阔的发展前景。

从国家能源局了解到,近几年,我国充电基础设施规模持续扩大,充电桩保有量已经突破 1 000 万台。最新数据显示,截至 2024 年 7 月底,全国充电桩达到 1 060.4 万台,同比增长 53%,其中公共充电桩 320.9 万台,私人充电桩 739.4 万台。

10.2.1 充电桩类型

电动汽车充电桩以充电方式分类最为常见。按照充电方式的不同可分为:慢充(交流充电)、快充(直流充电)、直接更换电池(换电)和无线充电。直流充电桩具有充电速度快、体积较大等特点,通常设于高速公路服务区、公交车充电站等场所;交流充电桩则相对单价较低、安装容易,广泛应用于私人充电桩领域。

充电桩按使用地点可以分为公共充电桩、专用充电桩和家用充电桩。

(1)交流慢充桩

简单的理解为直接将交流电传输到电动汽车中,通过车载充电机 OBC 对电动汽车的电池进行充电管理。交流充电桩通常直接接入 220 V 交流电,安装在家庭车库、工作场所或停车场等公共区域,交流充电技术简单成熟、充电成本低,但充电效率低,充电时间较长,多为 4~8 小时。单桩功率多为 3.5 kW、7 kW、14 kW。

（2）直流充电桩

通过逆变器将交流电转换为直流电，然后给电动汽车进行充电，直流充电桩的充电功率大、充电时间短，通常充电时间不到 2 h 即可充满。

直流充电桩通常有一体式和分体式等不同形式，其安装成本高且实施复杂，需要专业化集中运维，发展方向为大功率和智能化。直流充电桩输入电压为 380 V，功率通常在 40 kW、120 kW 及 450 kW 以上，对电网要求较高，需建设专用网络，还需配备谐波抑制装置等，因此多安装于集中式快速充电站内。

（3）电动汽车换电站

指的是通过集中型充电站对大量电池集中存储、集中充电和定点换电的模式。简单地说，将电动车的电池单独作为一个模块，电动车不用充电而是直接通过更换电池满足续航，这种将车和电池分离进行能量补给的称为换电站。换电模式效率高，但投入成本高，运营和维护成本也高，需要统一电池规格和标准。

（4）无线充电技术

无线充电目前仍处于研发实验阶段，尚未规模性应用。其主要包括电磁感应式、无线电波式和磁场共振式，在此不做过多赘述。

10.2.2 充电桩功能模块

充电桩的分类方式多样，用户可以根据实际需求选择适合的充电桩类型。充电桩按照功能主要可以分为几个模块：计费模块、功率模块、配电设备模块、管理模块等。充电桩可以通过 CAN 总线与电池管理系统通信，用于判断电池类型，获取电池系统参数、充电前和充电过程中动力电池的状态参数，不同模块各自承担着重要的功能，共同保障充电桩的正常运行和高效服务。

（1）计费模块：负责处理充电费用的计算、支付和结算等功能，确保用户能够方便地完成充电费用的支付。

（2）功率模块：是充电桩的核心部分，负责将电网的交流电转换为直流电（应用在直流充电桩中），或直接提供交流电（应用在交流充电桩中），为电动汽车的电池充电。该模块通常具有多种充电功率可供选择，以适应不同型号和容量的电动汽车。

以直流充电桩为例，由于碳化硅材料的晶体管相比硅基材料，可以提高更高的功率密度和更小的体积，在电动汽车充电桩的碳化硅市场占有率逐年增加。

在充电桩的电子器件中，功率模块主要是由 AC-DC 和 DC-DC 构成，除了 IGBT、MOSFET 等功率器件，控制核心 MCU、高压接触器、小功率二、三极管、保险丝、防雷器件、电源管理芯片、电解电容、薄膜电容、电阻电容、磁珠、晶振以及其他保护器件等，下面以直流充电桩工作原理为例说明，详细见直流充电桩前级 PFC 三相维也纳架构和后级电源转换架构图 10-1、图 10-2 所示。

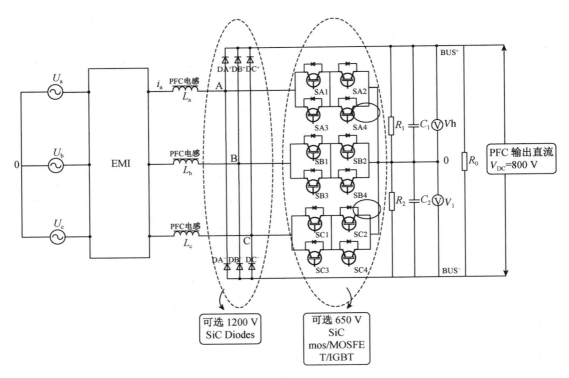

图 10-1　直流充电桩前级 PFC 三相维也纳架构

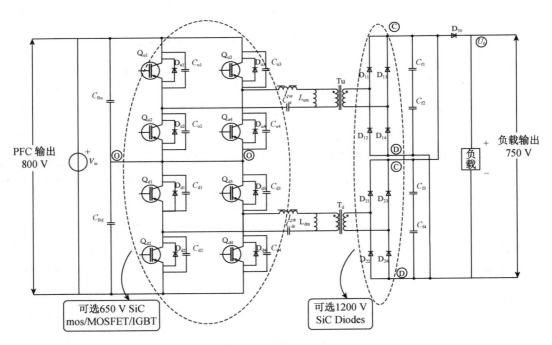

图 10-2　直流充电桩后级 DC-DC

（3）配电设备模块：包括充电枪、滤波装置、断路器、交流/直流接触器、熔断器、继电器等。该模块主要负责电能的分配和保护，包括变压器、开关设备、保护装置等，确保充电桩能够安全、稳定地为电动汽车供电。

（4）管理模块：负责充电桩的整体控制和管理，包括充电参数的设置、充电过程的监控、与电池管理系统（BMS）的通信、故障诊断和报警等功能。在一些复杂的充电桩系统中，可能还包括远程监控、数据分析、故障诊断等高级功能，这些模块通常与后台管理系统相连，实现充电桩的智能化管理。

随着全球新能源汽车市场的快速增长，充电桩作为关键基础设施，其市场需求将持续增长。未来，快充技术将继续向更高功率、更短时间的方向发展，实现"充电几分钟，续航数百公里"的极致体验。同时，通过优化充电算法、减少充电过程中的能量损耗，进一步提高充电效率。

10.3　AI 服务器

硬件是计算机的重要组成部分之一。计算机硬件主要包括处理器、存储器、显卡、主板等核心组件。随着软件技术的不断进步和网络通信能力的日益提升，计算机硬件也需要不断升级以满足更高的需求。例如，大数据处理、云计算、大模型、人工智能等技术的兴起，对计算机的算力、存储能力和网络带宽提出了更高的要求。

服务器（Server）是计算机的一种，具有高速的运算能力、可长时间可靠运行、强大的 I/O 外部数据吞吐能力以及更好的扩展性。服务器的主要功能包括数据存储和共享、提供网络服务、承载和运行各种应用程序、数据备份和恢复以及虚拟化和云计算等。服务器在网络中扮演着重要的角色，是网络的节点，存储、处理网络上大量的数据、信息，因此也被称为网络的灵魂。

10.3.1　服务器分类

服务器可以根据多种标准进行分类，如功能、硬件配置、操作系统、部署方式以及性能等。

服务器按照机箱结构分类主要包括刀片式服务器、台式服务器、机架式服务器以及机柜式服务器和嵌入式服务器等类型。每种类型的服务器都有其独特的特点和应用场景，用户可以根据实际需求选择合适的服务器类型。

服务器按照功能进行分类，可以将通用服务器和 AI 服务器视为两种重要的类别。

通用服务器是用于满足多种不同计算需求的计算机服务器，它可以满足企业和组织的不同业务需求，如云计算和虚拟化平台、大数据处理、数据库以及通用 IT 服务场景等。

AI 服务器是一种专门为人工智能、机器学习等计算密集型任务设计的服务器。相较于传统的服务器,AI 服务器在硬件架构、性能指标以及软件支持等方面进行了优化,以满足现代人工智能应用对计算能力、存储容量和数据处理速度的苛刻要求,二者的特性对比见表 10-5 所示。

AI 服务器主要支持训练和推理两种应用场景。训练用 AI 服务器对存储空间、带宽和算力的要求较高,主要采用多 GPU 设计;推理用 AI 服务器对算力、存储和带宽的要求相对较低,可以采用 GPU、NPU、CPU 等不同芯片承担推理任务。

表 10-5　通用服务器和 AI 服务器性能对比表

	通用服务器	AI 服务器
硬件特点	以 CPU 为核心,配以大容量 RAM 和硬盘适应不同应用场景	以 GPU 为核心配套高速显储存任务扩展
算力特点	依赖于 CPU 计算能力,擅长串行计算和处理复杂逻辑任务	依赖于 GPU 并行计算,浮点计算能力强,适合大算力、多任务处理需求
应用场景	Web 服务器、云计算、大数据处理、数据库以及通用 IT 服务场景	AI 训练、AI 推理、3D 渲染、深度学习、大数据分析等计算密集场景
算力、能效	CPU 能效比相对较低,处理大规模并行计算效率低	GPU 架构高度并行,单位功耗下计算能力强,能效比优势明显
成本	价格相对适中,因其于广泛的应用和成熟的市场,拥有更多的成本效益选择	由于专用的 GPU 硬件成本较高,整体 GPU 服务器的价格通常高于普通服务器

根据集邦咨询(Trend Force)和互联网数据中心(IDC)的统计数据,随着 AI 技术的不断成熟和应用领域的不断拓展,AI 服务器市场有望继续保持强劲的增长势头,2023 年全球 AI 服务器出货量接近 120 万台,市场规模超过 200 亿美元,到 2026 年有望增长至 237 万台,2023—2026 年复合年增长率将达到 26%。

10.3.2　AI 服务器组成

AI 服务器的硬件电路组成是一个高度集成且复杂的系统,包括图形处理单元(GPU)、中央处理单元(CPU)、动态随机存取存储器(DRAM)、固态硬盘(SSD)、电源供应单元(PSU)、网络接口卡(NIC)、高速串行扩展总线(PCIe)插槽、基本输入/输出系统(BIOS)和基板管理控制器(BMC)等。这些组件共同协作,为 AI 服务器提供强大的计算能力和高效的数据处理能力,其中处理器和存储作为 AI 服务器的核心,决定着 AI 服务器的算力和宽带大小。

（1）处理器芯片

CPU 是 AI 服务器的核心计算单元，负责执行各种计算任务。服务器 CPU 架构包括 X86、ARM、MIPS 和 RISC-V 等。目前 X86 架构处理器主导着 PC 和服务器市场，如英特尔的 Xeon 系列、AMD 的霄龙（EPYC）系列。ARM 架构处理器主导着移动市场和 IoT 市场，如我国的海思半导体、天津飞腾等，AI 服务器 CPU 芯片性能对比见表 10-6 所示。

表 10-6　AI 服务器 CPU 芯片性能对比表

	英特尔	超威	海光	兆芯	龙芯	海思	飞腾
品牌	Xeon8592	EPYC9654	海光 7285	KH-40000	3C5000L	鲲鹏 920	S2500
指令集	x86	x86	x86	x86	LongArch	ARM	ARM
核心数	64	96	32	32	16	64	64
超线程	128	192	64	32	不支持	不支持	不支持
主频	3.9 GHz	3.7 GHz	2.0 GHz	2.7 GHz	2.0～2.2 GHz	2.6 GHz	2.0～2.2 GHz
内存类型	DDR5	DDR5	DDR4	DDR5	DDR4	DDR4	DDR4
内存通道数	8	12	8	8	4	8	8
PCIe 通道数	128	128	128	128	32	40	17

海光信息和上海兆芯通过获得 x86 架构的授权进行研发，而海思半导体、天津飞腾和龙芯中科则分别选择了兼容 ARM 指令集和自主研发 LoongArch 指令集的道路，这些努力共同推动了国内处理器芯片的发展。

图形处理器（GPU）在 AI 服务器中扮演着至关重要的角色。GPU 擅长并行计算，能够高效处理大规模并行计算任务，如图像渲染和 AI 计算。英伟达和 AMD 是 GPU 市场的主要供应商，A100、A800、H100 等系列性能参数对比如表 10-7 所示。

表 10-7　通用服务器和 AI 服务器性能对比表

		英伟达			超威	
芯片		A100	A800	H100	MI 250X	MI 250
芯片类型		GPU	GPU	GPU	GPU	GPU
工艺/nm		7	7	4	6	6
算力	FP16(FLOPS)	312	312	1979	383	362.1
	FP32(FLOPS)	19.5	19.5	67	47.9	45.3
	Int8(TOPS)	624	624	3958	383	383
功耗/W		400	400	700	500	500

续表

特性	英伟达			超威	
显存容量	80 GB HBM2e	80 GB HBM2e	80 GB HBM2e	128 GB HBM2e	128 GB HBM2e
显存带宽/(GB · s⁻¹)	2 039	2 039	3 300	3 276.8	3 276.8

（2）存储器

AI 服务器需要配备足够的内存以便高效地加载和处理大规模的训练数据和模型参数。内存容量越大，能够同时处理的数据量就越大，对深度学习任务性能的提升也会更为明显。常见的内存动态随机存取存储器（DDR）和高带宽存储器（HBM）的性能对比，见表 10-8 所示。

表 10-8　HBM 和 DDR 性能对比表

特性	高带宽存储器（HBM） （以 HBM2E 为例）	动态随机存取存储器（DDR） （以 DDR5 为例）
主要用途	高性能计算、图形处理、AI 加速	通用计算、主内存
内存类型	3D 堆叠内存	平面内存
带宽	HBM2E 单堆叠可达 460 GB/s	单条 DDR5 约 38.4 GB/s （基于 4 800 MHz）
延迟	较短	较长
功耗	较低 （相同带宽下的功耗比 DDR 更低）	较高
数据传输速率	典型 1-2 Gb/s，HBM2E 可达 3.2 Gb/s	初始 4.8 Gb/s， 高端可达 6.4 Gb/s 以上
接口	通常通过宽带接口（如接口为 GPU 的高速内存）	标准内存插槽（DIMM）
设计复杂性	设计和制造复杂，成本较高	设计和制造较简单，成本较低
应用实例	高端显卡（如英伟达的 Titan 系列），高性能计算节点	台式机、笔记本电脑、服务器
封装方式	通过硅通孔（TSV）进行 3D 堆叠	单层封装，通常是平面设计

（3）网络连接

AI 服务器需要可靠和高速的网络连接，以便与其他服务器或终端设备进行数据交流和模型训练。常见的网络连接方式包括以太网、光纤网络等。高速网络接口卡是实现这一功能的关键组件。

（4）电源和散热系统

AI 服务器通常需要较高的功耗来支持大规模的数据处理和计算需求,因此需要配备强大的电源系统。其在运行过程中也会产生大量热量,因此需要配备有效的散热系统以保证服务器的稳定运行。散热系统通常包括风扇、散热片等组件,通过热传导、对流和辐射等方式将热量散发出去。

随着技术的不断进步,服务器核心计算芯片（如 CPU 和 GPU）的功耗不断增加。目前,单芯片的功耗已飙升至 500～1 000 W 的水平。风冷散热器的散热效果取决于风扇的转速和散热片的面积。在高负载下,风冷散热器的散热效果通常无法达到理想状态。

液冷技术利用冷却液体替代传统空气散热,通过直接将液体注入服务器内部,利用高效的冷热交换原理迅速带走服务器产生的热量。液冷技术主要可以划分为非接触式液冷和接触式液冷两大类。

非接触式液冷:以冷板式液冷为代表,冷却液通过冷板与发热元件间接接触实现热量传递。这种方式存在一定的热阻,但散热效率相较于传统风冷技术仍可实现较大幅度的能耗降低。

接触式液冷:包括浸没式液冷和喷淋式液冷两种方式。浸没式液冷将发热元件完全浸没在冷却液中,实现了散热风扇的完全去除;喷淋式液冷则是通过喷淋冷却液到服务器发热部位进行散热。

（5）其他组件

用于扩展服务器的功能 PCIe 插槽,可以插入各种扩展卡,如 GPU 扩展卡、RAID 卡等。为服务器提供稳定的电力供应的电源系统,确保服务器能够持续运行。BMC（Baseboard Management Controller,基板管理控制器）等管理接口,用于远程管理和监控服务器的运行状态。

PCIe 协议是一种高速串行计算机扩展总线标准,即 CPU 通过主板上的 PCIe 插槽及 PCIe 协议与加速器沟通,实现上下之间的连接以协调数据的传输,并在高时钟频率下保持高性能。PCIe 接口已成为主流互连接口,目前 PCIe 协议已发展至 PCIe 6.0,传输速率已从 PCIe 5.0 时期的 32 GT/s 提升到 64 GT/s,未来 PCIe 7.0 的传输速率将进一步提升至 128 GT/s。

10.3.3　AI 服务器发展

随着云计算的普及和边缘计算的兴起,AI 服务器开始向云端和边缘设备部署。云端 AI 服务器可以提供强大的计算能力和可扩展性,支持大规模 AI 应用的部署和运行;边缘 AI 服务器则可以实现实时数据处理和决策,降低延迟和提高响应速度。

AI 服务器市场竞争激烈,主要的服务商如英伟达、亚马逊、Meta、阿里巴巴、百度、华为等。在全球市场中,英伟达在 GPU 领域占据主导地位,在中国市场,浪潮信息、宁畅、新华三、华为、安擎等厂商占据主导地位。

AI 服务器在各个领域的应用越来越广泛,包括自动驾驶、语音识别、图像处理、自然语言处理等。随着 AI 技术的不断发展和应用场景的增加,对于高性能、高可靠性和高扩展性的 AI 服务器的需求也将会不断增长。

>>> 附录

缩略词解释

简写名称	英文含义	说明
ADC	Analog to Digital Converter	模拟数字转换器
ALD	Atomic Layer Deposition	原子层沉积
ARM	Advanced RISC Machines	进阶精简指令集机器
ASIC	Application Specific Integrated Circuit	专用集成电路
BJT	Bipolar Junction Transistor	双极结型晶体管
Chiplet	Chip let	芯粒
CVD	Chemical Vapor Deposition	化学气相沉积
CMOS	Complementary Metal-Oxide-Semiconductor	互补金属氧化物半导体
CMP	Chemical Mechanical Polishing	化学-机械抛光法
CPU	Central Processing Unit	中央处理器
DDR	Double Data Rate	双倍速率同步动态随机存储器
DRAM	Dynamic Random Access Memory	动态随机存取存储器
DSP	Digital Signal Processor	数字信号处理
EDA	Electronic Design Automation	电子设计自动化
EEPROM	Electrically Erasable Programmable Read-Only Memory	电擦除可编程只读存储器
EUV	Extreme Ultraviolet	极紫外光
Fabless	Fabless Semiconductor Design Companies	无晶圆制造的设计
Foundry	—	晶圆代工模式,仅专注于集成电路制造环节
FET	Field Effect Transistor	场效晶体管
FinFET	Fin Field-Effect Transistor	鳍式场效晶体管
FPGA	Field Programmable Gate Array	现场可编程门阵列

简写名称	英文含义	说明
GAAFET	Gate All Around Field-Effect Transistor	环绕栅极场效晶体管
GaAs	Gallium arsenide	砷化镓
GaN	Gallium Nitride	氮化镓
GPU	Graphics Processing Unit	图像信号处理单元
HDL	Hardware Description Language	硬件描述语言
IC	Integrated Circuit	集成电路
IDM	Integrated Device Manufacturer	集成器件制造,其涵盖了产业链的集成电路设计、制造、封装测试等所有环节
IEEE	Institute of Electrical and Electronic Engineers	电气与电子工程师协会
IGBT	Institute Gate Bipolar Translator	绝缘栅双极型晶体管
LED	Light Emitting Diode	发光二极管
MEMS	Micro-Electro-Mechanical Systems	微机电系统
MOCVD	Metal Organic Chemical Vapor Deposition	金属有机化学气相沉积
MOS	Metal Oxide Semiconductor	金属氧化物半导体
NMOS	N-Metal Oxide Semiconductor	N 型金属氧化物半导体晶体管
PAL	Programmable Array Logic	可编程阵列逻辑
PMOS	P-Metal Oxide Semiconductor	P 型金属氧化物半导体晶体管
PROM	Programmable Read-Only Memory	可编辑只读存储器
PVD	Physical Vapor Deposition	物理气相沉积
RISC	Reduced Instruction-Set Computer	精简指令集计算机
ROM	Read Only Memory	只读存储器
SDRAM	Synchronous Dynamic Random Access Memory	同步动态随机存取存储器
Serdes	Serializer Deserializer	高速串行器和解串器的简称
SoC	System-on-Chip	片上系统
SRAM	Static Random Access Memory	静态随机存取存储器
UCIe	Universal Chiplet Interconnect Express	开放的小芯片互连协议

>>> 参考文献

［1］钱纲.芯片改变世界［M］.北京：机械工业出版社，2019．

［2］林毅夫.等.新质生产力：中国创新发展的着力点与内在逻辑［M］.北京：中信出版社，2024．

［3］胡启立．"芯"路历程："909"超大规模集成电路工程纪实［M］.北京：电子工业出版社，2006．

［4］钱纲.硅谷简史：通往人工智能之路［M］.北京：机械工业出版社，2018．

［5］张汝京.等.纳米集成电路制造工艺［M］.2版.北京：清华大学出版社，2017．

［6］王阳元.集成电路产业全书（全三册）［M］.北京：电子工业出版社，2018．

［7］冯锦锋，郭启航.芯路：一书读懂集成电路产业的现在与未来［M］.北京：机械工业出版社，2020．

［8］John M. Hughes.电子工程师必读：元器件与技术［M］.北京：人民邮电出版社，2016．

［9］小马宋.营销笔记［M］.北京：中信出版社，2022．

［10］瑞尼·雷吉梅克.光刻巨人：ASML崛起之路［M］.金捷幡，译.北京：人民邮电出版社，2020．

［11］克里斯·米勒.芯片战争：世界最关键技术的争夺战［M］.蔡树军，译.杭州：浙江人民出版社，2023．

［12］俞志宏.我在硅谷管芯片：芯片产品线经理生存指南［M］.北京：清华大学出版社，2021．